四川省"十四五"职业教育省级规划教材
职业教育计算机类专业新形态一体化教材

Photoshop
创意设计项目教程

孟川杰　杨淑娴◎主　编

彭雪婷　邓海鹰　胡　蕾　雷　英　李　成◎副主编

邬琦姝　杨璐嘉　贾　皓　陈秋然　陈丽阳◎参　编

U0299757

电子工业出版社·
Publishing House of Electronics Industry
北京·BEIJING

内容简介

本书以各情境内容为主，以 Photoshop 软件平台为辅，从初学者的学习需求出发，围绕作品设计和知识学习两条主线组织内容。作品设计主线基于平面设计常见的工作场景和真实任务，对接平面设计岗位的任职要求、职业标准、工作环节、工作场景和工作过程。知识学习主线结合相关案例，讲解对应的平面设计知识和软件操作方法。双主线融合，使读者在完成任务的同时，系统地学习相关知识与软件技术，获取项目经验。

本书有三大情境，共包含 10 个学习任务，主要包括桌面壁纸设计、户外广告设计、海报招贴设计、宣传单设计、公益广告设计、照片后期处理等，主要知识内容包括平面设计的基础知识、选区基础与应用、绘图与修饰工具、形状工具与文字应用、图层与蒙版、ACR 调色与人像修容、滤镜与通道应用等。每个任务都包括任务描述、任务启动、知识笔记、设计执行、评估总结、拓展练习 6 个环节，使读者通过序列化的学习任务和流程，从易到难，系统地学习软件技术，了解应用场景，获取从事平面设计相关工作的知识，掌握平面招贴设计、图像后期处理与合成、网页与插画设计的工作流程，开拓眼界，积累经验。

本书内容丰富，结构清晰，兼顾数字平面设计的理论知识与技术技能，不仅可以作为职业院校相关专业的教材，还可以作为设计爱好者的参考用书。

本书附有配套视频、素材、源文件、教学 PPT 等全套资源，读者可根据需要自行查阅。

图书在版编目（CIP）数据

Photoshop 创意设计项目教程 / 孟川杰，杨淑娴主编 .
北京 ：电子工业出版社，2025. 1. -- ISBN 978-7-121
-49307-2
　Ⅰ . TP391.413
中国国家版本馆 CIP 数据核字第 2024DG2404 号

责任编辑：李　静
印　　刷：三河市良远印务有限公司
装　　订：三河市良远印务有限公司
出版发行：电子工业出版社
　　　　　北京市海淀区万寿路 173 信箱　　　邮编：100036
开　　本：787×1092　　1/16　　印张：20.5　　字数：460 千字
版　　次：2025 年 1 月第 1 版
印　　次：2025 年 1 月第 1 次印刷
定　　价：65.00 元

前言

党的二十大报告指出，推动战略性新兴产业融合集群发展，构建新一代信息技术、人工智能、生物技术、新能源、新材料、高端装备、绿色环保等一批新的增长引擎。

为贯彻落实党的二十大精神，以培养高素质技能人才助推产业和技术发展，建设现代化产业体系，编者依据新一代信息技术领域的岗位需求和院校专业人才目标编写了本书。

本书以数字平面设计项目为载体，循序渐进地介绍了平面设计的基础知识、选区基础与应用、绘图与修饰工具、形状工具与文字应用、图层与蒙版、ACR 调色与人像修容、滤镜与通道应用等内容，基本涵盖了 Photoshop 常见的工具与命令。本书精心设计的学习案例不仅可以帮助读者掌握 Photoshop 的使用方法，还可以帮助读者完成平面招贴设计、图像后期处理与合成、网页与插画设计的学习任务，掌握从设计理念到制作交付的全过程。

内容设计

本书分为平面招贴设计、图像后期处理与合成、网页与插画设计三大情境，共包含10 个学习任务、20 个拓展练习。各情境及学习任务的内容介绍如下。

情境一 平面招贴设计

任务一 以桌面壁纸设计为例，介绍平面设计的相关知识，主要包括图形图像的概念、颜色模式，以及 Photoshop 的基础知识、工作界面、基础操作和选区基础与应用。

课程介绍视频

任务二 以户外广告设计为例，介绍户外广告设计和图像修饰的相关知识，主要包括户外广告的设计需求和基本流程，以及修饰工具组、画笔工具、填充工具组与擦除工具组。

任务三 以海报招贴设计为例，介绍海报设计和路径文字的相关知识，主要包括海报设计的常见尺寸、原则和基本流程，以及钢笔工具、形状工具和文字基础。

任务四 以宣传单设计为例，介绍宣传单设计和图层的相关知识，主要包括宣传单设计的应用场景和基本流程，以及图层与图层组、图层样式和图层混合模式。

情境二 图像后期处理与合成

任务五 以公益广告设计为例，介绍公益广告设计和蒙版的相关知识，主要包括数字广告设计的应用场景和基本流程，以及图层蒙版、剪贴蒙版与快速蒙版。

任务六 以照片后期处理为例，介绍照片后期处理和调色的相关知识，主要包括曲线、色阶等常见调色工具的应用，以及调色基础、调色进阶、ACR 调色和人像修容方法。

任务七 以幻境创意设计为例，介绍使用滤镜进行创意设计的相关知识，主要包括滤镜概述、滤镜应用。

任务八 以产品手提袋设计为例，介绍手提袋设计和通道的相关知识，主要包括通道基础与应用、手提袋制作。

情境三　网页与插画设计

任务九　以网页视觉设计为例，介绍网页设计的相关知识，主要包括网页设计基础、网页设计原则与规范。

任务十　以运营插画设计为例，介绍手绘和运营插画的相关知识，主要包括运营插画概述、光影基础、插画绘制。

学习建议

本书的每个任务都包括以下 6 个环节。

- 任务描述：主要介绍本次任务的背景、客户需求和文件规范。
- 任务启动：主要通过相关表格引导读者完成任务分析、任务计划和任务流程。
- 知识笔记：主要介绍与本次任务相关的知识和技能。
- 设计执行：按照任务流程完成作品设计与制作。
- 评估总结：通过测试评估、自我评定检验读者对知识与技能的掌握情况。
- 拓展练习：通过拓展练习检验读者对知识与技能的迁移和创新能力。

建议读者结合素材、课件和视频资料，按照每个任务中的 6 个环节有序地进行学习，多实践、多操作，掌握设计技巧，不断强化熟练。教师在使用本书时，可结合这 6 个环节进行教学设计，组织学生进行分组研讨和实操，使学生通过不同类型的学习实例来学习相关知识，进行实践练习，对自己的作品进行评价，并在课后完成习题测试，不断深化自身对知识的掌握程度。

致谢

本书由四川邮电职业技术学院统一策划组织，由浙江工商职业技术学院、四川省成都市青苏职业中专学校、四川省什邡市职业中专学校、重庆市黔江区民族职业教育中心及成都小微云联科技有限公司共同参与完成，由孟川杰、杨淑娴担任主编，由彭雪婷、邓海鹰、胡蕾、雷英、李成担任副主编，同时，邬琦姝、杨璐嘉、贾皓、陈秋然、阵丽阳等参与了编写。本书在编写过程中得到了各学校及相关公司领导的大力支持，以及电子工业出版社编辑老师的细心指导与帮助，在此一并表示感谢。

意见反馈

虽然团队尽最大的努力编写了本书，但书中难免存在疏漏之处，欢迎各界专家和读者来函，给予宝贵意见，我们将不胜感激。对本书的意见和建议可发送电子邮件至 menc333@qq.com。

教材资源服务交流 QQ 群
（QQ 群号：684198104）

编　者

2024 年 8 月

目录

情境一　平面招贴设计

情境二　图像后期处理与合成

情境三　网页与插画设计

情境一 平面招贴设计

　　平面招贴设计是平面设计的常见工作之一，作为平面设计师，要能够独立完成海报设计、户外广告设计、字体设计等各类平面宣传项目的设计与制作。随着数字媒体的快速发展，平面设计图被各种分辨率不同的屏幕显示，各屏幕对设计图有着不同的要求与规范。要想通过设计将信息准确地传递给观众，并给观众留下深刻印象，离不开前期的需求调研和资料收集，优秀的创意与巧思、团队的沟通与协作、熟练运用设计软件的能力，以及对作品精益求精的追求都是创作出优秀作品的前提。

　　在"平面招贴设计"情境中，一共有 4 个任务，分别是桌面壁纸设计、户外广告设计、海报招贴设计和宣传单设计。在完成这些任务的过程中，学习平面设计的相关知识，以及 Photoshop 的基础知识、各类工具或命令的使用方法和技巧。

本情境的具体工作任务与要求如下所示。

任务序号	工作任务	软件技能	参考学时	知识要求	职业能力要求	任务内容
任务一	桌面壁纸设计	选区基础与应用	8	1. 了解平面招贴设计的常见需求。 2. 掌握平面招贴设计的基础知识。 3. 掌握选区、图层、蒙版等工具的基本概念与应用场景	1. 具备获取、处理和综合分析信息的能力。 2. 具备熟练使用菜单、选区、图层、蒙版、钢笔等工具或命令进行操作的能力。 3. 具备根据客户需求，完成平面招贴设计的能力	1. 平面设计的基础知识。 2. 平面招贴设计的常见需求。 3. 桌面壁纸、户外广告、海报招贴和宣传单的设计。 4. 选区、图层、蒙版等工具的基本概念与应用场景
任务二	户外广告设计	图像修饰	6			
任务三	海报招贴设计	矢量与文字	6			
任务四	宣传单设计	图层	6			

本情景各任务的概述和效果图如下所示。

任务一　桌面壁纸设计

任务概述：

设计一款动物主题的电脑桌面壁纸，同时学习并掌握 Photoshop 的基础知识和操作方法。在完成任务的过程中，学习 Photoshop 的基础知识、工作界面、基础操作，以及选区基础与应用的相关知识和技能

拓展练习

拓展练习 1：文字墙设计

拓展练习 2：手表插画设计

任务二　户外广告设计	
	任务概述： 　　为客户设计一个大型户外喷绘广告，同时学习并掌握 Photoshop 图像修饰工具的使用。在完成任务的过程中，学习喷绘的基础知识、修饰工具组、画笔工具、填充工具组与擦除工具组的设置与使用

拓展练习	
拓展练习1：多重曝光影像风格	拓展练习2：复古肌理应用

任务三　海报招贴设计	
	任务概述： 　　为客户设计一款音乐节海报，同时学习并掌握 Photoshop 的文字与路径工具的使用。在完成任务的过程中，学习海报的常见尺寸与设计知识、钢笔工具、形状工具和文字基础的基本知识，了解文字商用版权的要求

拓展练习	
拓展练习 1：钢笔画风格 	拓展练习 2：水墨风格字体设计 

任务四　宣传单设计	
	任务概述： 　　为客户设计一款宣传单，同时学习并掌握 Photoshop 图层的特性与应用。在完成任务的过程中，学习 DM 宣传单的设计基础、图层与图层组、图层样式及图层混合模式的相关知识与技能

拓展练习	
拓展练习 1：健身房 DM 宣传单设计 	拓展练习 2：星毛球风格打造 

任务一　桌面壁纸设计

环节一　任务描述

在本任务中，将设计一款桌面壁纸，最终的作品需符合一般壁纸的规范要求。为了完成本次任务，我们将学习平面设计的基础知识和 Photoshop 的基本操作，并运用选区。

本任务的目标如下所示。

任务名称	桌面壁纸设计	建议学时	8
任务准备	Photoshop、思维导图软件、签字笔、铅笔		
目标类型	**任务目标**		
知识目标	1. 了解 Photoshop 的基础知识、工作界面、基本操作		
	2. 掌握图像的颜色模式、分辨率与使用环境的关系		
	3. 掌握选区等抠图工具的概念、使用方法与技巧		
能力目标	1. 具备抠图等初步处理图像的能力		
	2. 具备初步的信息搜索能力与审美		
	3. 具备设计、制作电脑桌面壁纸的能力		
职业素养目标	1. 具有规范设计与创新探索的意识		
	2. 具有主动思考与主动学习的意识		
	3. 具有团结协作的精神，能够与合作伙伴进行良好沟通		

📖 任务情景

数字媒体技术专业的师生共同成立了一个校内的平面设计工作室，全称为"浮岛平面设计工作室"，对外承接平面设计业务。工作室即将建成，为了提高工作室形象，要为工作室的计算机设计一款桌面壁纸。

经团队商讨决定，以工作室的名称"浮岛"为主题展开创作，要求画面色彩明亮、简洁干净，且具有一定的创意和视觉冲击力，能够清晰显示桌面上的图标，并适配工作室计算机的显示器尺寸，参考效果如图 1-1 所示。

任务资讯

任务演示（1）

任务演示（2）

任务演示（3）

任务演示（4）

任务演示（5）

任务实施

图 1-1　参考效果

文件规范

文件的规范类型及规范参数如表 1-1 所示。

表 1-1　文件的规范类型及规范参数

规范类型	规范参数
文件格式	*.jpg[①]
文件尺寸	1920 像素 [②]×1080 像素；1366 像素 ×768 像素
文件分辨率	72 像素 / 英寸 [③]
颜色模式	RGB
文件大小（储存空间）	＜ 20MB

环节二　任务启动

本任务分为任务实施前、任务实施中、任务实施后 3 个环节，如图 1-2 所示。

任务实施前，要从全局出发对任务进行分析并制订计划，提出决策方案。

第一步，分析任务。对任务进行需求分析，将客户提出的需求分解为具

① 图像文件格式类型 JPEG（Joint Photographic Experts Group）是 JPEG 标准的产物，
该标准由国际标准化组织（ISO）制定，是面向连续色调静止图像的一种压缩标准。
JPEG 格式是最常用的图像文件格式，后缀名为 .jpg 或 .jpeg，是当前最为流行的图像
文件格式之一。

② 像素：像素（pixel）是位图的最小构成单位，由指定位置和颜色值的小方块构成，小
方块的位置和颜色决定了图像的显示外观。

③ 像素 / 英寸：像素 / 英寸（ppi：pixels per inch）是复合单位，代表图像精度，通过
位图在固定长度中的像素数量来描述。常用的分辨率为 72ppi（用于屏幕显示）和
300ppi（用于印刷）。

体的子任务；运用调查法或观察法进一步分析，明确任务目标；从专业设计师的角度进行创意分析，明确任务的定位与侧重点；预估在任务实施过程中所需的知识与技能。

第二步，制订计划。将各项任务进一步具体化，揭示任务中的要素、关系及要求。例如，根据任务目标确认文件规格，规划时间进度，描述设计风格与场景，最终形成一份完整的实施计划。

第三步，决策方案。根据任务计划制定任务实施流程，绘制创意草图。

任务实施时，首先要学习相关的知识与技能，确保自身具备独立完成本任务的知识基础和技术技能，然后按流程独立完成作品的设计与制作，并对细节进行打磨。

任务完成后，还需要对作品成果进行评估，查看其是否符合客户需求；最后进行复盘讨论，总结项目经验。建议对拓展项目进行练习，进一步检验自身对基础知识的掌握程度，以及对技能的迁移和创新能力。

任务实施前

01 资讯	任务需求分析	任务分解	调查与观察	创意分析	技能预估
02 计划	确认文件规格	规划时间进度	描述风格与场景	形成完整计划
03 决策	制定任务实施流程	绘制创意草图

任务实施中

| 04 实施 | 学习知识与技能 | 独立实施 | 细节打磨 |

任务实施后

| 05 评价 | 展示成果 | 学习评价 | 优化完善 |
| 06 拓展 | 总结项目经验 | 拓展项目练习 |

图 1-2　任务环节

📖 任务分析

本任务要设计制作一张桌面壁纸，要求画面简洁干净并具有视觉冲击力，且桌面上的图标可以清晰显示；壁纸的尺寸与分辨率能够匹配主流设备。

请根据以上要求进行任务分析，分析内容包括但不限于如下几个方面。

（1）任务描述与分解：对本任务做简要描述，明确任务目标与侧重点，并将任务分解为多个子任务。

（2）创意分析：从创新角度提出本任务的设计创意或独特想法，如独特的画面元素、新颖的表现手法等。

（3）技能预估：对本任务进行技能预估，明确完成本任务可能会使用的工具与命令、方法与技巧，如抠图、调色、图像融合的方法与技巧等。

（4）调查与观察：结合任务描述、创意分析和技能预估，提出要完成本任务可能存在的问题。

（5）制订任务计划：明确任务文件规格与时间进度安排，根据应用场景明确设计风格及其他要求。

（6）制定任务流程：根据任务计划制定任务流程，绘制任务草图。

请将以上分析内容按类型和要求填写在后面的"桌面壁纸设计任务分析"、"桌面壁纸设计任务计划"和"桌面壁纸设计任务流程图与草图"表格中。

桌面壁纸设计任务分析如表 1-2 所示。

表 1-2 桌面壁纸设计任务分析

	任务描述	
任务分解	子任务 1	
	子任务 2	
	子任务 3	
	子任务 4	
	子任务 5	
	创意分析	
	技能预估	
调查与观察	问题 1	
	问题 2	
	问题 3	
	其他观察	

序号：　　　　　姓名：　　　　　填写日期：　　　年　月　日

 **任务计划**

桌面壁纸设计任务计划如表 1-3 所示。

表 1–3 桌面壁纸设计任务计划

文件规格	宽度（单位： ）	高度（单位： ）	分辨率
时间进度	事项		时间（单位： ）
应用场景			
设计风格			
其他要求			

序号： 姓名： 填写日期： 年 月 日

📖 任务流程

桌面壁纸设计任务流程图与草图如表 1-4 所示。

表 1–4　桌面壁纸设计任务流程图与草图

要求：将任务按照实施步骤或以思维导图的方式拆分为多个流程节点

序号：　　　　　　　　姓名：　　　　　　　　填写日期：　　　年　　月　　日

环节三　知识笔记

1.1　Photoshop 基础知识

知 识 脉 络

本节将学习 Photoshop 的基础知识，包括位图与矢量图、分辨率、图像颜色模式和常见图像文件格式。通过学习这些基础知识，学生能够更快、更准确地处理图像。

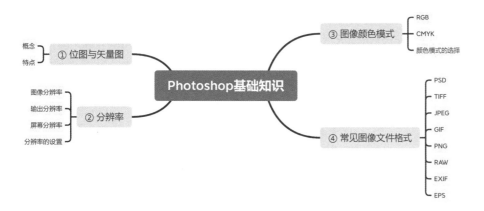

知 识 学 习

1.1.1　位图与矢量图

数字图片分为两类，一类是位图，另一类是矢量图。

1．位图的概念

位图又称点阵图或光栅图，如图 1-3 所示。将位图放大后可以清晰地看到它由许多不同颜色的小方块组成，这些小方块就是像素，每个像素都有自己的位置和颜色值，如图 1-4 所示。

图像的质量依赖于图像分辨率，若两张图像的尺寸相同，则图像的像素越多，分辨率越高，图像的文件大小也会随之增加。

图 1-3　典型的位图图像

图 1-4　位图放大后的像素

2．矢量图的概念

矢量图又称向量图，矢量图插画作品如图 1-5 所示。矢量图由路径和锚点等几何特性来描述，如图 1-6 所示。矢量图中的各种图形元素被称为对象，每个对象都是独立的个体，具有大小、颜色、形状、轮廓等属性。

矢量图与分辨率无关，可以将它设置为任意大小，其清晰度不会因分辨率而改变，也不会出现锯齿状的边缘。

图 1-5　矢量图插画作品

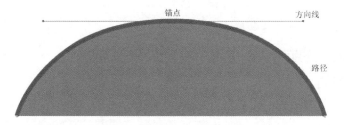

图 1-6　矢量图的路径和锚点

3．位图的特点

特点一：相对于矢量图，位图更适合照片和手绘图像。
特点二：能够表现出有深度的色调。
特点三：能够表现出丰富的质感和逼真的效果。
特点四：缩小或放大图像都会使位图的画质受损。

笔记

1.1.2　分辨率

图像分辨率、输出分辨率和屏幕分辨率，都是与图像质量息息相关的重要指标。

1. 图像分辨率

1）概念

图像分辨率是指图像中单位长度内所包含的像素数目，其单位为像素/英寸（ppi）。若某图像的分辨率是 300ppi，则该图像每英寸长度内包含了300 个像素，如图 1-7 所示。

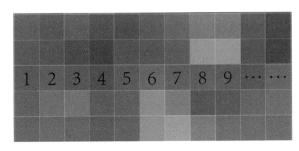

图 1-7　图像分辨率

2）特点

在相同尺寸的两幅图像中，高分辨率的图像所包含的像素比低分辨率的图像所包含的像素多。图像的分辨率越高，每英寸长度内所包含的像素就越多，图像的质量就越高，图像就越细腻平滑。

2. 输出分辨率

输出分辨率是指打印机等输出设备在每英寸长度内输出的油墨点数量，用 dpi 表示。dpi 越小，输出的精度越低。

为了使图像有较好的质量，一般要设置较高的输出分辨率，如打印照片的输出分辨率通常为 300dpi，激光打印机的输出分辨率通常为 300 ～ 600dpi，照排机的输出分辨率通常为 1200 ～ 2400dpi。

3. 屏幕分辨率

当输出分辨率的概念迁移到屏幕上时，就称之为屏幕分辨率（ppi），表示屏幕上每英寸长度内可以显示的像素数量。ppi 数值越高，就代表显示屏能够以更高的密度显示图像，即通常所说的分辨率越高，颗粒感越弱，分辨率越低，颗粒感越强，如图 1-8 所示。

图 1-8　屏幕分辨率

4. 分辨率的设置

虽然图像的分辨率越高呈现出来的效果越好，但是过高的像素会使图像文件占用的存储空间增加，降低设备运行速度。因此，在创建新图像时，要设置合理的图像分辨率。

若图像仅用于屏幕显示，则可将分辨率设置为 72ppi，这样可以减少占用的存储空间并提高传输速度，如网页、界面图标等；若使用喷墨打印机输出图像，则可将分辨率设置为 100 ～ 150ppi；若用于印刷，则可将分辨率设置为 300ppi。常见的图像分辨率设置如表 1-5 所示。

表 1–5 常见的图像分辨率设置

序号	应用场景	建议的图像分辨率（单位：ppi）
1	网络传播的图片	72
2	喷绘写真	72 ～ 120
3	报纸	80 ～ 150
4	喷墨打印机	100 ～ 150
5	彩色杂志、打印彩色照片	300
6	普通画册	300 ～ 350
7	时尚类杂志	350
8	高精度画册	400

1.1.3 图像颜色模式

Photoshop 提供了多种不同的颜色模式，其中最常用的两种颜色模式是 RGB 和 CMYK。

1. RGB

1）色光三原色

R、G、B 分别代表红光、绿光和蓝光。绝大多数可视光谱都可以使用这 3 种色光按照不同的比例和强度混合表示，因此 R、G、B 也被称为色光三原色。色光三原色用于光照、视频和显示器，如显示器通过红色、绿色和蓝色荧光粉发射光并产生颜色。

这 3 种色光在两两叠加时会分别呈现青色、洋红和黄色，三色光全部叠加在一起则会呈现白色，因此对应的 RGB 颜色模式被称为加色模式，如图 1-9 所示。

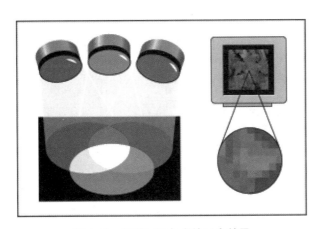

图 1-9　模拟三种色光的混合效果

2）RGB 颜色模式

RGB 颜色模式是通过红色、绿色和蓝色 3 种颜色相叠加而形成更多颜色的颜色模式，是一种加色模式。一幅 24bit 的 RGB 图像有 3 个色彩信息的通道，分别是红色（R）、绿色（G）和蓝色（B），如图 1-10 所示。

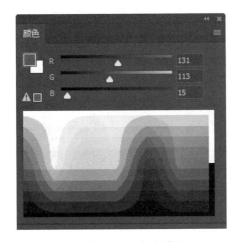

图 1-10　RGB 颜色模式

2．CMYK

1）印刷三原色

C、M、Y、K 分别代表青色、洋红、黄色和黑色的油墨。当白光照射到半透明的印刷油墨（青色、洋红和黄色，即印刷三原色）上时，色谱中的部分色光被吸收，另一部分被反射到眼内，呈现出人们所看到的各种颜色，如图 1-11 所示。

理论上，青色、洋红和黄色三色油墨混合在一起后会吸收所有颜色，呈现黑色，因此对应的 CMYK 颜色模式被称为减色模式。

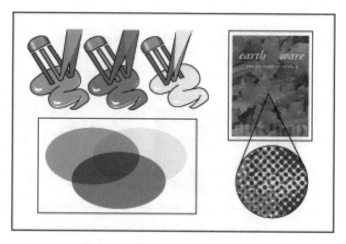

图 1-11　模拟三种油墨的混合效果

2）CMYK 四色印刷

由于现实中的青色、洋红、黄色 3 种油墨都包含一些杂质，混合在一起时会呈现土灰色，因此必须与黑色油墨合成才能呈现真正的黑色。将这 4 种油墨混合重现颜色的过程称为四色印刷，缩写为 CMYK。四色印刷是通过青色、洋红、黄色、黑色 4 种颜色的油墨叠加来实现全彩色印刷的。在进行四色印刷前，需要将原稿上的颜色分解为这 4 种基本颜色，这个过程被称为四色分色。分色后，图像的色彩模式会被转换为 CMYK 颜色模式，以便印刷。Photoshop 中也有对应的 CMYK 颜色模式，其中有 4 个色彩信息的通道，分别是青色（C）、洋红（M）、黄色（Y）和黑色（K），如图 1-12 所示。

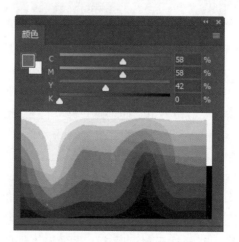

图 1-12　CMYK 颜色模式

3．颜色模式的选择

在 Photoshop 中更改一幅图像的颜色模式时，部分区域的色彩会发生变

笔记

化，这是因为不同的颜色模式存在色域上的差异。两种颜色模式显示效果的对比如图 1-13 所示。

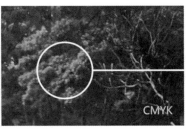

图 1-13　两种颜色模式显示效果的对比

　　色域是颜色系统可以显示或打印的颜色范围，如图 1-14 所示。图中的实线三角形代表的是典型的 RGB 色域，虚线多边形代表的是典型的 CMYK 色域，若某种颜色不被 RGB 色域和 CMYK 色域同时包含，则在切换颜色模式时，图像中的该颜色将会发生变化。

　　在处理图像时，要根据需要选择合适的颜色模式。若图像用于网页显示，则可以采用 RGB 颜色模式，因为承载图像的屏幕会主动发出色光；若图像用于印刷，则可以采用 CMYK 颜色模式，因为我们是通过印刷油墨的反射光来观看图像的。

　　此外，Photoshop 还提供了其他颜色模式，如位图、灰度、Lab 颜色等，如图 1-15 所示。

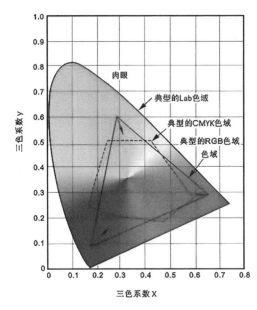

图 1-14　多种颜色模式的色域区别　　图 1-15　Photoshop 提供的其他颜色模式

1.1.4 常见图像文件格式

图像文件格式是图像文件存储在设备上的格式，多数图像文件格式都被 Photoshop 所支持。常见图像文件格式如表 1-6 所示。

表 1–6　常见图像文件格式

序号	图像文件格式	说明
1	PSD	Photoshop 的专用图像文件格式
2	TIFF	标签图像文件格式
3	JPEG	有损压缩图像文件格式
4	GIF	图形交换文件格式
5	PNG	便携式网络图像
6	RAW	CMOS 或 CCD 图像感应器将捕捉到的光源信号转化为数字信号的原始数据
7	EXIF	可交换的图像文件格式
8	EPS	封装式页描述语言
9	CDR	CorelDRAW 的专用图形文件格式
10	BMP	与硬件设备无关的图像文件格式
11	HEIF	高效率图档格式

1. PSD

PSD 是 Photoshop 的专用图像文件格式，支持多种颜色模式，能够保存图像数据的各种细节，如图层、通道等，如图 1-16 所示，但这种格式通用性不强。

图 1–16　PSD 格式可保存图层等数据

2. TIFF

TIFF 是标签图像文件格式，可用于多种计算机平台，是被广泛使用的图像文件格式之一。TIFF 格式支持 24 个通道，可以存储多于 4 个通道的图像文件格式，如图 1-17 所示。TIFF 格式还允许使用 Photoshop 中的复杂工具和滤镜特效，非常适合在印刷和输出时使用，但 TIFF 格式的结构要比其他格式更复杂，文件占用的存储空间也更大。

图 1-17 TIFF 格式可以储存多个通道的图像文件格式

3. JPEG

JPEG 是一种常见的有损压缩图像文件格式，采用有损压缩的方式去除人眼无法感知的冗余图像和彩色数据。因此，虽然使用 JPEG 格式会丢失部分数据，但是数据的损失程度可控，肉眼观察不易发现差别。

4. GIF

GIF 是图形交换文件格式（Graphics Interchange Format）的缩写。由于它支持动画和透明度，并成了我们所熟知的网络图像文件格式，所以很多有趣的动画在网络上得到了广泛传播。

GIF 格式可以在网络上得到广泛应用，不仅因为其支持动画，还因为其压缩率可达到 50% 左右，文件体积通常很小。但 GIF 格式最多支持 256 种色彩的图像，因此比较适用于色彩较少的图像，如卡通造型、公司标志等。

5. PNG

PNG 是便携式网络图像（Portable Network Graphics）的缩写，采用无损压缩技术，支持透明度和渐显，如图 1-18 所示。PNG 格式融合了 GIF 格式和 JPEG 格式的优点，可以将图像文件压缩到极限以便在网络中传输，因此在网络中的使用率较高。其设计目的是试图替代 GIF 格式和 TIFF 格式，同时增加一些 GIF 格式所不具备的特性。PNG 格式可以生成长度比 GIF 格式小 30% 的无损压缩图像文件。

图 1-18 PNG 格式支持透明度和渐显

6. RAW

RAW 图像文件是 CMOS 或 CCD 图像传感器将捕捉到的光源信号转化为数字信号的原始数据。RAW 图像文件会完整记录数码相机原始的拍摄信息，如 ISO、快门速度、光圈值、白平衡等，不会对其进行处理或压缩。因此，可以将 RAW 概念化为"原始图像编码数据"，或者更形象地称之为"数字底片"。将 RAW 图像文件导入计算机后，要使用图像软件的导入转化功能才可以对其进行进一步处理。

7. EXIF

EXIF 是可交换图像文件格式，由日本电子工业发展协会于 1996 年制定。EXIF 图像文件可附加于 JPEG、TIFF、RIFF 等图像文件之中，可以记录数码照片的摄影日期、光圈值、快门速度、闪光灯、图像处理软件版本等信息。需要注意的是，EXIF 图像文件中的信息是可以被任意编辑的，因此仅有部分参考功能。

8. EPS

EPS 是桌面印刷系统普遍使用的通用交换格式中的一种综合格式。EPS 格式采用 PostScript 语言进行描述，并且可以保存一些其他类型的信息，如多色调曲线、Alpha 通道、分色、剪辑路径和挂网信息等，因此 EPS 格式常用于印刷或打印输出。Photoshop 中的 EPS 格式可以实现印刷打印的综合控制，在某些情况下甚至优于 TIFF 格式。基于 EPS 格式的图形库如图 1-19 所示。常用的排版或矢量软件（如 PageMaker、Illustrator、CorelDRAW）大都支持 EPS 格式。

图 1-19 基于 EPS 格式的图形库

在处理图像时，要根据图像的应用场景和质量要求选择合适的图像文件格式。例如，在需要使用 Photoshop 对图像进行持续修改时，建议使用 PSD 格式或 TIFF 格式，因为这两种格式可以保存通道、图层等信息，便于在

Photoshop 中修改格式。若图像用于网络传输，则可以选择占用存储空间更小的 JPEG 格式，或者支持透明度的 GIF 格式和 PNG 格式；若用于印刷出版，则可以选择 TIFF 格式或 EPS 格式。

笔记

1.2　Photoshop 工作界面

知 识 脉 络

本节将学习 Photoshop 的安装与界面组成。通过学习本节知识，学生能够安装 Photoshop 并熟悉它的工作界面，完成软件优化配置。

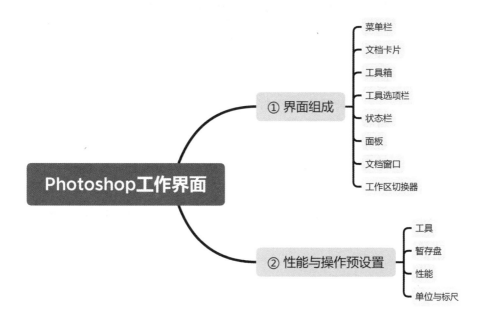

知 识 学 习

Photoshop 有很多版本，几乎每年都会根据最新的设计需求及客户的需求和反馈进行软件更新。Photoshop 的安装非常简单，购买并下载产品后，直接运行安装文件即可。Photoshop 官网提供了最低系统要求，大多数计算机都能够满足 Photoshop 的安装与运行。在使用 Photoshop 时，可参照官网的建议进行软件性能优化，以提升使用体验。

1.2.1　界面组成

Photoshop 界面组成如图 1-20 所示。

笔记

图 1–20　Photoshop 界面组成

菜单栏：包含可执行的各种命令。

文档卡片：当打开图像文件时，每个图像文件都会对应一个文档卡片，如需选中某个图像文件，单击对应的文档卡片即可。

工具箱：包含各种工具，如创建选区、移动图像、绘图等。

工具选项栏：当选中某个工具时，该工具的各种属性会在工具选项栏中对应出现。

状态栏：用于显示文档大小、文档尺寸、当前工具和窗口缩放比例等信息。

面板：用于设置颜色、工具参数及执行编辑命令，如图层面板可显示文件的图层。

文档窗口：用于显示和编辑图像的区域。

工作区切换器：可以选择基本功能等不同的面板组合，也可以按照个人习惯调整并保存，供以后随时调用。

1．工具箱

Photoshop 工具箱中一共有四大类工具组：选择工具组（基础工具组）、修饰工具组（核心工具组）、矢量工具组和辅助工具组，如图 1-21 所示。

在选择工具时，可直接单击工具按钮或使用快捷键，如移动工具的快捷键是 V。

部分工具的右下角会显示三角图标，这表示该工具内有隐藏工具。在该工具按钮上长按鼠标左键或右击，即可弹出隐藏的工具，单击即可选中该工具。

同一工具组内的部分工具可以使用 Shift+ 该组快捷键快速切换，如选择

笔记

选框工具组，使用快捷键 Shift+M 可以在矩形选框工具与椭圆选框工具之间切换，但是无法切换为单行选框工具或单列选框工具。

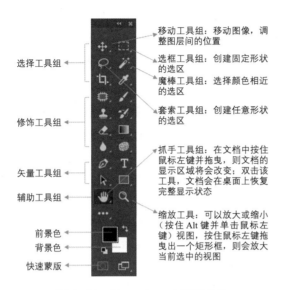

图 1-21　Photoshop 主要工具组

还可以选择菜单栏中的"编辑"→"首选项"→"工具"命令，在"选项"选区中取消勾选"使用 Shift 键切换工具"复选框，如图 1-22 所示，这样就可以直接通过工具组的快捷键在该工具组的工具之间快速切换，使工作更有效率。

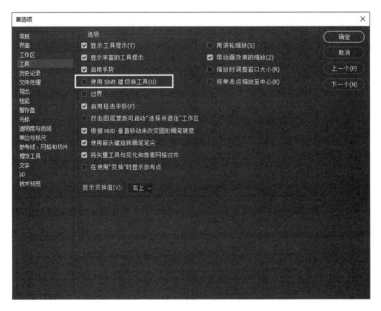

图 1-22　"首选项"对话框

2. 工具选项栏

当选择某个工具后，工具选项栏会自动切换，以显示该工具的相关设置选项，通过设置这些选项，可以对工具进行更精确的调整。

例如，当选择魔棒工具时，工作界面的上方会出现相应的魔棒工具选项栏，可以修改"容差"的数值，也可以勾选"连续"复选框，以创建更符合需求的选区，如图 1-23 所示。

图 1-23　魔棒工具选项栏

3. 状态栏

在编辑 Photoshop 图像文件时，可以在下方状态栏中查阅该文件的信息，如图 1-24 所示。状态栏的左侧显示当前图像文件缩放显示的百分数，在该文本框中输入数值可改变图像文件的显示比例。

状态栏的中间部分显示当前图像的文件信息，单击文件信息右侧的箭头图标，可以查看当前图像文件的其他信息。

50%　3754 像素 x 2816 像素 (72 ppi)　〉

图 1-24　Photoshop 状态栏显示的部分信息

4. 面板

Photoshop 提供了多个面板，如属性、图层等，是处理图像时不可或缺的部分，如图 1-25 所示。

图 1-25　属性面板与图层面板

笔记

面板可随意移动、展开、折叠，灵活组合或拆分，通常建议根据使用场景或个人习惯对面板进行调整。

折叠或展开面板：面板可以根据需要进行折叠或展开，以便操作。

拆分面板：若需要单独拆分某个面板，则可以选中该面板的选项卡并向工作区拖曳，选中的面板将被单独拆分。

组合面板：可以根据需要将两个或多个面板组合到一个面板组中。

面板弹出式菜单：单击面板右上方的图标，可以弹出面板的命令菜单，提高面板的功能性。

隐藏与显示面板：按 Tab 键，可以隐藏工具箱和面板；再次按 Tab 键，可以显示隐藏的部分。

工作区切换与保存：在工作区切换器中可以选择基本功能、绘画、摄影等不同主题的工作区，也可以自定义工作区。只需按照个人使用习惯调整各个面板并保存即可，可以随时调用。Photoshop 的工作区切换器如图 1-26 所示。

图 1-26 Photoshop 的工作区切换器

1.2.2 性能与操作预设置

为了在使用 Photoshop 进行平面招贴设计、图像后期处理与合成及网页与插画设计时更加方便，需要提前配置 Photoshop 相关选项。使用"编辑"→"首选项"→"常规"(Ctrl+K) 命令，打开"首选项"对话框，建议设置如下选项。

工具：建议取消勾选"使用 Shift 键切换工具"复选框，以便工具的快速切换；建议勾选"将矢量工具与变化和像素网格对齐"复选框，以确保作品中的矢量元素对齐，如图 1-27 所示。

暂存盘：可以根据计算机硬件参数设置多个暂存盘，以提升 Photoshop 的性能。

性能：设置历史记录条数。

单位与标尺：根据作品类型设置标尺的单位为"厘米"或"像素"。

笔记

图 1-27　在"首选项"对话框中设置选项

1.3　Photoshop 基础操作

知 识 脉 络

本节将学习 Photoshop 的基础操作。通过学习本节知识，学生能够了解并掌握 Photoshop 的常用功能和操作，有助于完成图像处理任务。

1.3.1 文件操作

1. 新建图像文件

在作品创作前要新建文件。"新建文档"对话框如图 1-28 所示。Photoshop 提供了 3 种新建图像文件的方法。

第 1 种，在菜单栏中选择"文件"→"新建"命令，激活新建窗口。

第 2 种，按快捷键 Ctrl+N 直接激活新建窗口。

第 3 种，按住 Ctrl 键，在空白界面中双击，激活新建窗口。

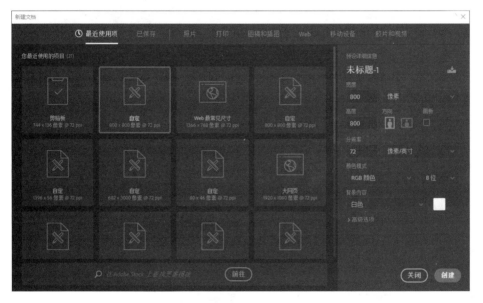

图 1-28 "新建文档"对话框

2. 打开图像文件

Photoshop 提供了 4 种打开图像文件的方法。"打开"对话框如图 1-29 所示。

第 1 种，在菜单栏中选择"文件"→"打开"命令，激活打开窗口。

第 2 种，按快捷键 Ctrl+O，激活打开窗口。

第 3 种，在空白界面中双击，激活打开窗口。

第 4 种，直接拖曳需要打开的图像文件到 Photoshop 中。

图 1-29　"打开"对话框

3. 置入图像文件

置入图像文件与打开图像文件不同，置入图像文件是在已打开的图像文件中置入另外一个图像文件，如图 1-30 所示。Photoshop 提供了两种置入图像文件的方法。

第 1 种，使用"文件"→"置入嵌入对象"（或"置入链接的智能对象"）命令。

第 2 种，将要置入的图像文件直接拖曳到已打开的图像文件中。

需要注意的是，置入的图像文件都将自动成为智能对象。智能对象可以保护图像在进行任意缩放时不被破坏。

图 1-30　置入图像文件前后对比

笔记

4. 保存图像文件

在默认情况下，使用"文件"→"存储"（Ctrl+S）命令保存图像文件，将直接覆盖当前正在编辑的文件。若希望保存在一个新的图像文件中而不覆盖当前图像文件，则可以使用"文件"→"另存为"（Ctrl+Shift+S）命令。在保存图像文件时，一定要选择合适的图像文件类型，如图 1-31 所示。

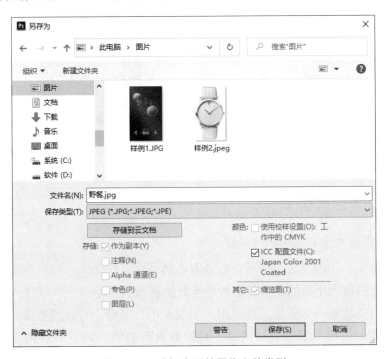

图 1-31　选择合适的图像文件类型

5. 关闭图像文件

在打开多个图像文件后，应及时关闭不使用的图像文件，以释放系统资源。Photoshop 提供了 3 种关闭单个图像文件的方法。

第 1 种，在菜单栏中选择"文件"→"关闭"命令，关闭图像文件。

第 2 种，按快捷键 Ctrl+W，关闭图像文件。

第 3 种，单击图像文件右上方的关闭按钮，关闭图像文件。

Phtotoshop 提供了两种关闭所有图像文件的方法。

第 1 种，在菜单栏中选择"文件"→"全部关闭"命令，关闭所有图像文件。

第 2 种，按快捷键 Alt+Ctrl+W，关闭所有图像文件。

注意，若已完成所有工作，也可以直接关闭 Photoshop；若要继续使用 Photoshop 处理其他图像文件，则仅关闭处理完成的图像文件即可，无须关闭 Photoshop，以避免重启软件后的重新加载，如图 1-32 所示。

笔记

图 1-32 关闭图像文件

1.3.2 图像操作

1. 图像大小和画布大小设置

图像大小和画布大小是两个容易混淆的概念。图像大小指的是当前图像的尺寸，画布大小指的是当前图像所承载的画布的大小。

若需要缩放一张图像，则使用"图像大小"命令，可以调整该图像的宽度和高度，也可以调整其分辨率，对图像进行缩放，如图 1-33 所示；若在创作过程中需要更多创作空间，则可以使用"画布大小"命令修改画布大小，此时图像本身不会发生变化，但会因为画布放大而出现更多可编辑区域，或因为画布缩小而被裁剪。在调整画布大小时，可勾选或取消勾选"相对"复选框，对画布进行绝对尺寸或相对尺寸的缩放，如图 1-34 所示。

图 1-33 "图像大小"对话框

笔记

图 1-34　"画布大小"对话框

2. 绘图颜色设置

当为某个对象填充颜色或使用画笔绘画时，应首先选择一种恰当的颜色，可在"拾色器"对话框中为前景色或背景色设置一种颜色，如图 1-35 所示。

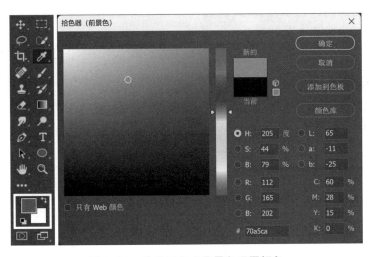

图 1-35　为前景色或背景色设置颜色

在工具箱中，单击"前景色"按钮或"背景色"按钮，在弹出的"拾色器"对话框中选择所需颜色即可设置前景色或背景色。选色应符合我们对颜色的认知，一般建议按照色相、饱和度和明度的顺序设置颜色，这样的配色方式对应于 HSB 颜色模型（H：色相、S：饱和度、B：明度），如图 1-36 所示。首先在垂直的拾色器色相条中选择一种颜色，然后在左侧的颜色框中上下移动调整明度，左右移动调整饱和度，右上角出现的新的颜色即为最终设置的颜色。

图 1–36　HSB 颜色模型

选中颜色后，可以使用画笔工具进行涂抹，或创建选区填充颜色，如图 1-37 所示。在绘制过程中，注意灵活运用填充颜色的快捷键。

Alt+Backspace/Delete：填充前景色。

Ctrl+Backspace/Delete：填充背景色。

X：切换前景色和背景色。

D：默认前景色和背景色。

图 1–37　使用画笔工具添加前景色的圆圈

1.3.3　快捷操作

1．缩放显示

在创作过程中，为了更好地观察图像的细节或查看整体的效果，需要不断地缩放图像。常用的缩放快捷键有以下 5 种。

笔记

Z：缩放工具。

Ctrl + =：放大显示图像。

Ctrl + - ：缩小显示图像。

Ctrl + 0：全屏显示图像。

Ctrl + 1：以 100% 的比例显示图像。

此外，按住 Alt 键，上下滚动鼠标滚轮可以快速缩放图像；按 H 键可以激活抓手工具。需要注意的是，在使用非文字工具的情况下，按空格键可以在抓手工具和当前工具之间切换。

2. 还原与重做操作

在编辑图像的过程中可以随时还原图像，即将操作返回到上一步骤，在菜单栏中选择"编辑"→"还原"（Ctrl + Z）命令即可。若持续使用"还原"命令，则可一步步回退到图像编辑的原始状态。还原到上一步骤后还可以重做刚才被还原的操作，在菜单栏中选择"编辑"→"重做"（Shift+Ctrl+Z）命令即可。

图像的编辑历史都被记录在历史记录面板中，在历史记录面板中可以更方便地将编辑后的图像恢复到任一步骤时的状态。在菜单栏中选择"窗口"→"历史记录"命令即可打开历史记录面板，如图 1-38 所示。

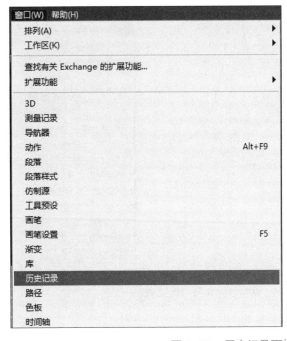

图 1-38 历史记录面板

笔记

3. 常用快捷键

Photoshop 中有不少常用快捷键，熟记并使用这些快捷键可以提高操作效率，如图 1-39 所示。

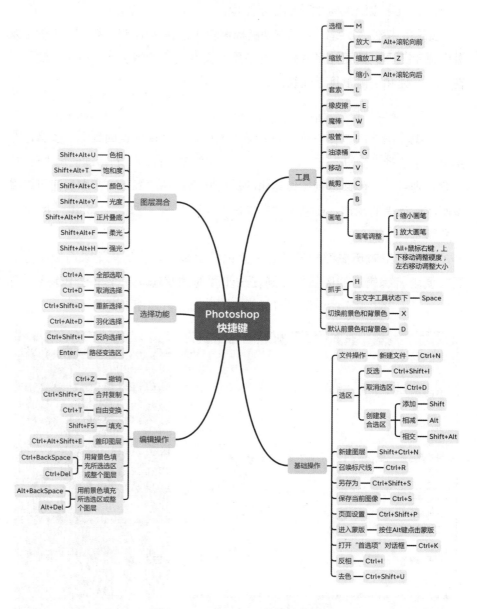

图 1-39　Photoshop 常用快捷键

1.4 选区基础与应用

知识脉络

本节将学习 Photoshop 选区的概念、绘制选区的方法及编辑选区的技巧。通过学习本节知识，学生能够了解为何选区被称为 Photoshop 的核心之一，掌握快速创建各类选区的方法，并对选区进行移动、反选、羽化等操作。

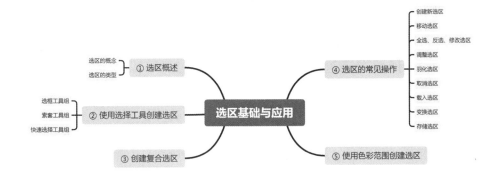

知识学习

1.4.1 选区概述

1. 选区的概念

在 Photoshop 中，选区被看作灰度文件，Photoshop 可以根据选区来指明图像中活动的区域和非活动的区域。选区的边界为流动状态的虚线，以此标志该选区处于活动状态，如图 1-40 所示。图 1-40 中的虚线就是选区的边缘，又称蚂蚁线，蚂蚁线标记了图像中被选中的区域。若用户想要改变图像中的某个具体区域，则需要从选中该区域开始操作。

图 1-40 选区处于活动状态

笔记

选区可用于抠图，即删除图像中不需要的元素，仅保留带有透明背景的主体，完成抠图操作的图像又称为透底图。在 Photoshop 中，透明区域显示为灰白相间的棋盘格，在上图中，除了红椒，周围都是透明像素，将其保存为支持透明背景的 PNG 格式后，红椒主体就可以很好地融入各种背景，便于进一步创作。

2. 选区的类型

选区可分为规则选区和不规则选区，通常是由相应的选区工具创建的。矩形选框工具、椭圆选框工具可创建规则选区；套索工具、魔棒工具等可创建不规则选区。

1.4.2 使用选择工具创建选区

1. 选框工具组

选框工具组包括矩形选框工具、椭圆选框工具、单行选框工具和单列选框工具，如图 1-41 所示。其中，矩形选框工具和椭圆选框工具的快捷键为 M。

选择选框工具后，按住鼠标左键并拖曳，将直接创建矩形选区、椭圆选区。拖曳鼠标时，若按住 Shift 键，则将创建正方形选区、正圆形选区；拖曳鼠标时，若按住 Alt 键，则将以落点为中心创建选区。

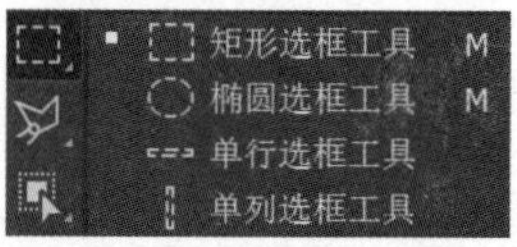

图 1-41 选框工具组

2. 套索工具组

套索工具组包括套索工具、多边形套索工具和磁性套索工具，如图 1-42 所示，快捷键为 L。

图 1-42 套索工具组

套索工具：按住鼠标左键并拖曳鼠标指针，将得到一个任意形状的选区，释放鼠标左键，选区自动闭合。

多边形套索工具：在需要绘制选区的位置单击，建立第一个确认点，移动鼠标指针到合适的位置后再次单击，建立第二个确认点，如此反复，直至终点与起点重合，得到一个边框为直线的多边形选区。

磁性套索工具：在沿着主体边缘拖曳鼠标指针时，将根据图像与背景之间的反差自动生成蚂蚁线，直至形成闭合选区。该工具适用于图像与背景反差较大的场景。

使用套索工具和磁性套索工具创建选区，如图 1-43 所示。

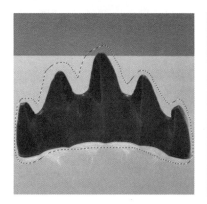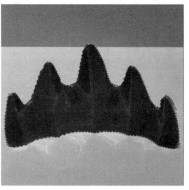

图 1-43　使用套索工具和磁性套索工具创建选区

3. 快速选择工具组

快速选择工具组包括对象选择工具、快速选择工具和魔棒工具，如图 1-44 所示，快捷键为 W。这些工具根据颜色容差的大小，快速选择与周边颜色相似的像素形成选区。

图 1-44　快速选择工具组

对象选择工具：在图像中单击想要选择的对象，或拖曳鼠标指针框选对象，会自动出现浅红色边框并将其转为选区，如图 1-45 所示。

图 1-45　使用对象选择工具创建选区

笔记

魔棒工具：根据容差值的大小选出图像的单色选区，默认容差值为 32，可以在 0～255 的范围内调节，容差值越大选择的范围就越大，如图 1-46 所示。

图 1-46　不同容差值的选区效果

快速选择工具：使用可设置的圆形画笔笔尖快速绘制选区。在拖曳鼠标指针时，选区会向外扩展并自动查找、跟随图像中定义的边缘。

1.4.3　创建复合选区

在使用各种选择工具创建选区时，还可以通过选区的添加、减去、交叉等布尔运算创建复合选区，更精准地选择要操作的图像区域。建立复合选区的方式如图 1-47 所示。

图 1-47　建立复合选区的方式

添加到选区：在此模式下（或在创建新选区模式下按住 Shift 键）绘制选区时，新的选区会添加到原来的选区上，如图 1-48 所示。

从选区减去：在此模式下（或在创建新选区模式下按住 Alt 键）绘制选区时，新的选区与原来的选区相交的部分会被减去，如图 1-49 所示。

与选区交叉：在此模式下（或在创建新选区模式下按住快捷键 Shift+Alt）绘制选区时，新的选区与原来的选区相交的部分会被保留，如图 1-50 所示。

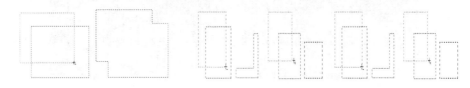

图 1-48　添加到选区　　　图 1-49　从选区减去　　图 1-50　与选区交叉

1.4.4　选区的常见操作

1. 创建新选区

在使用选框工具组绘制选区后，若再次绘制，则原来的选区将消失。在新选区状态下可以使用鼠标拖曳的方式移动选区。

2. 移动选区

在图像中创建选区后，将鼠标指针移至选区中，当鼠标指针变为 ▶⊹ 移动选区形状时，按下鼠标左键拖曳鼠标指针可移动选区。按下键盘上的方向键，选区将向对应方向移动 1 像素；若按快捷键 Shift+方向键，选区将向对应方向移动 10 像素。

3. 全选、反选、修改选区

全选选区：使用"选择"→"全部"命令，或者按快捷键 Ctrl+A。

反选选区：使用"选择"→"反向"命令，或者按快捷键 Shift+Ctrl+I。

修改选区：使用"选择"→"修改"命令，包括"边界"、"平滑"、"扩展"、"收缩"和"羽化"等选项。

4. 调整选区

在选框工具状态栏中，选择"选择并遮住"命令，如图 1-51 所示。在弹出的属性面板的"全局调整"选项组中可调整选区，具体包括"平滑"、"羽化"、"对比度"和"移动边缘"等参数。

[□] ∨ ■ ⬕ ⬔ ⬓ 　羽化: 0 像素 　消除锯齿　样式: 正常 ∨ 宽度　↔ 高度 　选择并遮住 …

图 1-51　"选择并遮住"命令

5. 羽化选区

"羽化"命令可以使图像产生柔和效果。使用"选择"→"修改"→"羽化"（Shift+F6）命令，并在"羽化选区"对话框中设置羽化半径的值，可得到不同程度的羽化效果，如图 1-52 所示。

图 1-52　边缘羽化前后效果对比

笔记

Tips

为了弱化图像的合成痕迹，在对人物、动物、树木等边界清晰的对象进行抠图时，通常会在建立选区后，对选区设置不超过 1 像素的羽化值，以柔和边缘。

6. 取消选区

使用"选择"→"取消选择"（Ctrl+D）命令，即可取消选区。

7. 载入选区

载入选区是将图层或通道中的非透明像素作为选区载入，可快速选中某图层中的非透明像素。按住 Ctrl 键单击图层缩略图或通道缩略图即可载入选区，如图 1-53 所示。

图 1-53　单击图层缩略图载入选区

8. 变换选区

在选区中右击，选择"变换选区"命令即可对选区进行变换操作。

Tips

"变换选区"命令和"自由变换"（Ctrl+T）命令有所区别。"变换选区"命令是变换选区的形状、尺寸，并不会改变像素，而"自由变换"命令则是变换选区内的图像，即引起像素的变化。

9. 存储选区

存储选区是将选区存储为通道，在取消选区后，也可以通过载入选区的方式将存储的通道作为选区重新载入，进而达到存储选区的目的。使用"选择"→"存储选区"命令即可存储选区。在存储选区后，若想重新载入该选区，则按住 Ctrl 键并单击通道缩略图即可将该选区重新载入。

1.4.5　使用色彩范围创建选区

色彩范围用于选择现有选区或整个图像内指定的颜色或色彩范围，是一种常用的创建选区的方法。使用"选择"→"色彩范围"命令可以打开"色彩范围"对话框，创建所需要的选区，如图 1-54 所示。

图 1-54　使用色彩范围创建选区

【即时练习】替换天空

使用"色彩范围"命令替换天空，替换前后效果如图 1-55 所示。

图 1-55　替换天空前后效果

✏️ **笔记**

第一步，观察选区预览图。

在"色彩范围"对话框中可设置预览选区的方式，有"选择范围"和"图像"两个选项。选择"选择范围"选项时，预览区域将以灰度图像表示选择范围；选择"图像"选项时，预览区域将会显示原图。默认选择"选择范围"选项，此时包括"无"、"灰度"、"黑色杂边"、"白色杂边"和"快速蒙版"5种选区预览方式，如图1-56所示。其中，"无"表示不在窗口中显示选区，"灰度"表示在窗口中根据选区的灰度值，以黑色、白色和灰色表现选区，"黑色杂边"表示可以在没有选择的区域上填充黑色。

第二步，确定选择区域。

在"选择"下拉列表中有"取样颜色"、"红色"和"高光"等选项，用于设置选区的创建方式。选择"取样颜色"选项，可以通过对话框中的工具来创建选区。若需要添加颜色，则可单击"添加到取样"按钮继续选取；若需要减去颜色，则可单击"从取样中减去"按钮减去所选颜色，如图1-57所示。

"红色"、"黄色"和"绿色"等选项，可设置图像中的特定颜色。"高光"、"中间调"和"阴影"选项，可设置图像中的特定色调。可以通过设置"颜色容差"的值控制颜色的选区范围，该值越高，所包含的颜色范围越广。

第三步，预览并创建选区。

在预览框中仔细检查并确定效果后，单击"确定"按钮即可创建选区。

第四步，修改选区并替换天空背景。

在创建选区后，可根据需要对选区进行修改，如在选区去掉被误选的玻璃，如图1-58所示，之后替换天空即可。

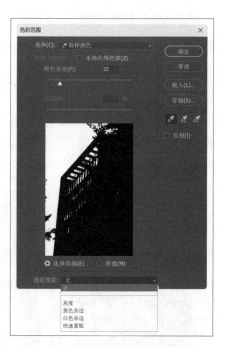

图1-56 选区预览方式

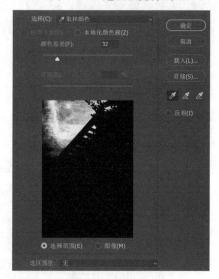

图1-57 确定选择区域

图 1-57　确定选择区域（续）

笔记

图 1-58　修改选区并替换天空背景

环节四　设计执行

📖 设计贴士

素材整理与图片预处理

根据配套素材进行初步构思。在此基础上，也可以拓展思路，寻找同类主题的优质素材，进行预处理。

在日常的阅读积累中，可以多留意优秀的设计作品、设计素材，以及数字版权的问题。互联网上正规素材网站的图片，通常都支持知识共享许可协议。知识共享许可协议（Creative Commons license）又被称为 CC 协议，是一种允许他人分发作品的公共版权许可协议。创作共享协议允许作者选择不同的授权条款，根据不同国家的著作权法制定版权协议，版权持有人可以指定以下条件。

姓名标示（BY）：可以自由复制、散布、展示及演出本作品，但必须按照作者或授权人所指定的方式，并保留其姓名标示。

非商业性（NC）：可以自由复制、散布、展示及演出本作品，但不得以商业目的使用本作品。

禁止改作（ND）：可以自由复制、散布、展示及演出本作品，但不得改变、转变或改作本作品。

相同方式分享（SA）：可以自由复制、散布、展示及演出本作品。若改变、转变或改作本作品，仅在遵守与本著作相同的授权条款下，才能散布由本作品产生的衍生作品。

在没有指定 NC 的情况下，将授权作品进行商业使用；在没有指定 ND 的情况下，将授权创作衍生作品。

这些条件共有 16 种组合，其中有 11 种是有效的，有 4 种组合由于同时包括互相排斥的 ND 和 SA 而无效，还有 1 种没有以上任何条件的协议，它相当于公有领域。公有领域内的智力成果，任何个人或团体都不具备所有权益。在 CC2.0 以上的版本中，又有 5 种没有署名条款的协议被淘汰，因为 98% 的授权人都要求署名。

推荐两个开源的图片网站，分别是 everypixel 和 pexels，这两个网站中的图片素材均可免费商用，如图 1-59 所示。

图 1-59 everypixel 网站首页和 pexels 网站首页

📖 任务实施

一切准备就绪后，就可以制作桌面壁纸了。在制作前，建议学生先梳理制作的主要流程。具体的制作流程请扫描二维码查看。

环节五 评估总结

📖 测试评估

一、单选题

1. 在设计电脑壁纸时，通常使用（   ）作为尺寸单位。

   A．mm　　　　B．像素　　　C．cm　　　　D．inch

2. 在设计手机壁纸时，图像分辨率建议设置为（   ）。

   A．72ppi　　　B．300ppi　　C．200ppi　　D．96ppi

3. 在设计电脑壁纸时，颜色模式建议设置为（　　）。

    A. RGB　　　　B. CMYK　　　C. Lab　　　　D. 灰度

4. 与选区有关的命令，主要在（　　）菜单中。

    A. 文件　　　　B. 编辑　　　　C. 图像　　　　D. 选择

5. 在创建复合选区时，实施"添加到选区"、"从选区减去"和"与选区交叉"操作的快捷键分别是（　　）。

    A. Shift、Alt、Ctrl　　　　　　　B. Shift、Ctrl、Shift+Ctrl

    C. Shift、Alt、Shift+Alt　　　　D. Shift、Ctrl、Alt

6. Photoshop 中"羽化"的含义是（　　）。

    A. 来自于"羽化成仙"，形容图像处理得很好，类似于"这是什么神仙操作！"的感叹

    B. 将选区的边缘柔和化，如同羽毛的边缘一般，使其与其他内容能够较好地融合

    C. 以昆虫发育变态成虫的最后过程（如破茧成蝶，长出翅膀）来表现经过 PS 的图片的巨大变化

7. 当背景是纯色时，要抠出的主体对象和背景差异较大且边缘清晰，使用（　　）更加快速高效。

    A. 快速选择工具　　　　　　　B. 钢笔工具

    C. 魔棒工具　　　　　　　　　D. 规则选区工具

    E. 磁性套索工具

二、多选题

1. （　　）是 Photoshop 的常见应用。

    A. 图像合成　　B. 网页效果图制作　　　　C. 界面设计

    D. 广告设计　　　　　　　　E. 摄影后期

2. 关于默认快捷键，以下描述正确的是（　　）。

    A. 自由变换 Ctrl+T　　　　　B. 羽化 Shift+F6

    C. 选择工具 V　　　　　　　D. 魔棒工具 W

    E. 后退一步 Ctrl+Z（PS CC 2018 版本）

3. 以下图像格式中，Photoshop 支持的有（　　）。

    A. *.psd　　　　B. *.jpg　　　C. *.png　　　D. *.gif

4. 关于位图，以下描述正确的是（　　）。

    A. 位图适用于照片、绘画图像

    B. 位图可以表现有深度的色调和柔和的质感

  C．位图的基本组成单元是像素

  D．位图可以无限放大但不影响图像显示质量

  E．缩小或放大位图都会使画质受损

5．对不规则的云层抠图时，建议选用（　　）工具或命令。

  A．魔棒　　　　　　　　　　B．规则选区

  C．色彩范围

6．完成具有品质感的图像合成，需要特别注意以下哪些方面？（　　）

  A．透视关系　　　　　　　　B．抠图质量

  C．位置关系　　　　　　　　D．光线一致性

  E．无须注意，将图片放到一起即可

7．关于缩放查看图像的快捷键，以下描述正确的是（　　）。

  A．放大：Ctrl+=　　　　　　B．缩小：Ctrl+-

  C．全屏显示：Ctrl+0　　　　D．100% 显示：Ctrl+1

  E．临时缩放：按住 Alt 键，上下滚动鼠标滚轮

8．要将抠出来的云层与背景融合得更自然，建议尝试以下哪些操作？
（　　）

  A．对云层进行羽化

  B．使用硬度较低的橡皮擦在云层的边缘进行涂抹

  C．适当调整云层的不透明度

  D．使用模糊工具在云层的边缘进行涂抹

三、判断题

1．CMYK 分别代表青色、洋红、黄色和黑色。（　　）

2．RGB 分别代表红色、绿色和蓝色。（　　）

3．若当前界面没有所需面板，通常可在"窗口"菜单中将其打开。（　　）

4．Photoshop、CorelDraw、Illustrator、InDesign 都是 Adobe 公司旗下的
产品。（　　）

5．在使用魔棒工具时，要注意为其设置合适的容差。容差越大，选中
的范围越广。（　　）

6．对象 A 和对象 B 分别位于不同图层，对象 A 遮挡对象 B。若要让对
象 B 遮挡对象 A，则将对象 B 所在图层移动到对象 A 所在图层上方即可。
（　　）

7．在相同尺寸的两幅图像中，高分辨率的图像包含的像素比低分辨率
的图像包含的像素少。（　　）

笔记

📖 自我评定

项目	自评分				
	1 分 很糟	2 分 较弱	3 分 还行	4 分 不错	5 分 很棒
对 Photoshop 工作界面的认识					
对文件格式类型的认识					
能根据印刷设备或显示终端设置正确的尺寸与分辨率					
能根据相应的图像情况选择对应的选区方法					
能区分图像大小与画布大小					
了解各窗口打开与关闭的方法					
能通过正当合规的手段获取图片素材					
对本章节快捷键的掌握情况					
对创作思路的理解					
能基于客户需求，发散思维，解决问题					
自我评定					

序号：　　　　　　姓名：　　　　　　　　　　　　填写日期：　　年　月　日

环节六　拓展练习

拓展练习的参考效果如图 1-60 和图 1-61 所示，设计要求、设计思路与实施流程请扫描二维码查看。

拓展练习 1　文字墙设计

图 1-60　文字墙设计

拓展练习 2　手表插画设计

图 1-61　手表插画设计

→ **任务二 户外广告设计**

环节一 任务描述

本任务主要运用 Photoshop 的图像修饰工具，根据客户需求，完成户外广告设计。

本任务的目标如下所示。

任务名称	户外广告设计	建议学时	6
任务准备	Photoshop、思维导图软件、签字笔、铅笔		
目标类型	任务目标		
知识目标	1. 掌握喷绘的概念		
	2. 掌握修复工具组、画笔工具、填充工具组与擦除工具组的设置与使用		
	3. 掌握图像的变换、色彩范围等操作		
能力目标	1. 具备使用图像修饰工具编辑图像的能力		
	2. 具备设计大型户外喷绘广告的能力		
职业素养目标	1. 具有设计规范意识与创新精神		
	2. 具有沉淀技术与创新产品的意识		
	3. 具有主动思考与主动学习的意识		

📖 任务情景

某化妆品公司需要设计师为旗下的产品设计大型户外喷绘广告。要求内容具有较强的视觉冲击力并契合产品形象，便于产品推广。"浮岛平面设计工作室"承接了该平面设计业务，参考效果如图 2-1 所示。

图 2-1　参考效果

文件规范

文件的规范类型及规范参数如表 2-1 所示。

表 2-1　文件的规范类型及规范参数

规范类型	规范参数
文件格式	*.jpg
文件尺寸	2000mm×700mm
文件分辨率	72 像素 / 英寸
颜色模式	CMYK
文件大小（储存空间）	< 20MB

环节二　任务启动

本任务分为任务实施前、任务实施中、任务实施后 3 个环节，如图 2-2 所示。

任务实施前，要从全局出发对任务进行分析并制订计划，提出决策方案。

第一步，分析任务。对任务进行需求分析，将客户提出的需求分解为具体的子任务；运用调查法或观察法进一步分析，明确任务目标；从专业设计师的角度进行创意分析，明确任务的定位与侧重点；预估在任务实施过程中所需的知识与技能。

第二步，制订计划。将各项任务进一步具体化，揭示任务中的要素、关系及要求。例如，根据任务目标确认文件规格，规划时间进度，描述设计风格与场景，最终形成一份完整的实施计划。

第三步，决策方案。根据任务计划制定任务实施流程，绘制创意草图。

任务实施时，首先要学习相关的知识与技能，确保自身具备独立完成本任务的知识基础和技术技能，然后按流程独立完成作品的设计与制作，并对细节进行打磨。

任务完成后，还需要对作品成果进行评估，查看其是否符合客户需求；最后进行复盘讨论，总结项目经验。建议对拓展项目进行练习，进一步检验自身对基础知识的掌握程度，以及对技能的迁移和创新能力。

任务实施前

| 01 资讯 | 任务需求分析 | 任务分解 | 调查与观察 | 创意分析 | 技能预估 |

| 02 计划 | 确认文件规格 | 规划时间进度 | 描述风格与场景 | 形成完整计划 |

| 03 决策 | 制定任务实施流程 | 绘制创意草图 |

任务实施中

| 04 实施 | 学习知识与技能 | 独立实施 | 细节打磨 |

任务实施后

| 05 评价 | 展示成果 | 学习评价 | 优化完善 |

| 06 拓展 | 总结项目经验 | 拓展项目练习 |

图 2-2　任务环节

📖 任务分析

本任务要设计制作一张宣传单，要求内容契合产品形象并具有较强的视觉冲击力，利于产品推广。

请根据以上要求进行任务分析，分析内容包括但不限于如下几个方面。

（1）任务描述与分解：对本任务做简要描述，明确任务目标与侧重点，并将任务分解为多个子任务。

（2）创意分析：从创新角度提出本任务的设计创意或独特想法，如独特的画面元素、新颖的表现手法等。

（3）技能预估：对本任务进行技能预估，明确完成本任务可能会使用的工具与命令、方法与技巧，如抠图、调色、图像融合的方法与技巧等。

（4）调查与观察：结合任务描述、创意分析和技能预估，提出要完成本任务可能存在的问题。

（5）制订任务计划：明确任务文件规格与时间进度安排，根据应用场景明确设计风格及其他要求。

（6）制定任务流程：根据任务计划制定任务流程，绘制任务草图。

请将以上分析内容按类型和要求填写在后面的"户外广告设计任务分析"、"户外广告设计任务计划"和"户外广告设计任务流程图与草图"表格中。

户外广告设计任务分析如表 2-2 所示。

笔记

表 2-2 户外广告设计任务分析

任务描述		
任务分解	子任务 1	
	子任务 2	
	子任务 3	
	子任务 4	
	子任务 5	
创意分析		
技能预估		
调查与观察	问题 1	
	问题 2	
	问题 3	
	其他观察	

序号： 姓名： 填写日期： 年 月 日

📖 任务计划

户外广告设计任务计划如表 2-3 所示。

表 2-3 户外广告设计任务计划

文件规格	宽度（单位：　　）	高度（单位：　　）	分辨率
时间进度	事项		时间（单位：　　）
应用场景			
设计风格			
其他要求			

序号：　　　　姓名：　　　　　　　　　　　　　　　　填写日期：　　年　月　日

🖹 任务流程

户外广告设计任务流程图与草图如表 2-4 所示。

表 2–4　户外广告设计任务流程图与草图

要求：将任务按照实施步骤或以思维导图的方式拆分为多个流程节点

序号：　　　　　　姓名：　　　　　　　　　　　填写日期：　　年　月　日

笔记

环节三　知识笔记

2.1　修饰工具组

知 识 脉 络

本节将学习 Photoshop 的图像修饰工具组，如仿制图章工具、修复画笔工具、其他修饰工具等。通过学习这些工具的使用方法，学生能够更好地修饰图像。

知 识 学 习

2.1.1　仿制图章工具

仿制图章工具通过复制源图像的像素替换目标图像的像素。使用仿制图章工具首先要确定源对象，然后开始操作。

源对象有两种，一种是同一文档的源对象，另一种是不同文档的源对象。在工具箱中选择仿制图章工具，调整画笔大小，之后将鼠标指针移动到要被复制的图像上，按住 Alt 键并单击鼠标左键，进行定点选样，复制的图像被保存到剪贴板中。松开 Alt 键，在需要覆盖的图像上单击或涂抹即可覆盖原有图像。在实际运用中，适当修改工具选项栏中的"模式"、"不透明度"和"流量"等选项，并降低图章笔触硬度，可让仿制后的图像与周围像素能更好地融合。使用仿制图章工具去除图像右下角的杂物如图 2-3 所示。

图 2-3　使用仿制图章工具去除图像右下角的杂物

图 2-3 使用仿制图章工具去除图像右下角的杂物(续)

2.1.2 修复画笔工具

修复画笔工具可以根据修改点周围的像素和色彩将其复原,可将样本像素的纹理、光照、透明度和阴影与所修复的像素进行匹配,从而使修复后的像素不留痕迹地融入图像,常用于修饰周边色差较大的污点、划痕等。

在使用修复画笔工具时,应调整画笔大小和硬度,按住 Alt 键并单击图像源取样,松开 Alt 键后涂抹需要修复的像素。在修复过程中,可以多次取样进行修复。需要注意的是,在图像上过度涂抹会使画面模糊、纹理丢失。使用修复画笔工具去除多余树冠剪影如图 2-4 所示。

图 2-4 使用修复画笔工具去除多余树冠剪影

2.1.3 仿制图章工具与修复画笔工具的应用场景

仿制图章工具与修复画笔工具都可以复制图像,但二者的效果和应用场景有所区别。

仿制图章工具从源对象中复制像素来覆盖被仿制的像素,它不会主动计算周围像素颜色并与之融合,但会保留源对象的所有细节;修复画笔工具会根据周围像素颜色进行修复，与图像融入较好，但过度使用会造成细节丢失。

在修复图像时，要根据这两款工具的特点和应用场景选择合适的工具。通常情况下，若被修饰处与周围像素颜色比较接近且要保留细节，则建议使用仿制图章工具；若被修饰处与周围像素颜色差异较大且不需要保留太多细节，则建议使用修复画笔工具；若周围像素颜色差异较大且要保留一定的细节，则建议根据具体情况，同时使用修复画笔工具和仿制图章工具进行组合修复，也可以与其他修复工具配合使用。

2.1.4　污点修复画笔工具

污点修复画笔工具无须采样就可以去除杂色或污点。在修复图像时，选择污点修复画笔工具，调整画笔大小，直接单击需要去除污点的地方即可。使用污点修复画笔工具去除面部斑点如图 2-5 所示。

图 2-5　使用污点修复画笔工具去除面部斑点

2.1.5　修补工具

修补工具可以直接对某个选中区域内的像素进行大面积修补。为了便于修复各种不规则区域内的像素，可以结合选项栏中的"复合选区"按钮创建选区。在修补某区域时，选择修补工具，先以手绘的方式框选需要修补的目标区域，再将选区拖曳至采样的源区域即可。若在工具选项栏中选择目标选项，则会将框选的区域像素直接修补到目标区域。使用修补工具修饰指甲局部图案如图 2-6 所示。

图 2-6　使用修补工具修饰指甲局部图案

笔记

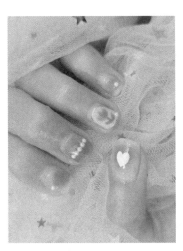

图 2-6　使用修补工具修饰指甲局部图案（续）

2.1.6　红眼工具

红眼工具可以去除照片中人物的红眼，如图 2-7 所示。选择红眼工具，调整工具选项栏中的"瞳孔大小"和"变暗量"选项，单击红眼即可完成对照片的修复。

图 2-7　使用红眼工具去除照片中人物的红眼

2.1.7　模糊工具

模糊工具可以柔化硬边缘或减少图像中的细节。使用模糊工具在某个区域内绘制的次数越多，该区域就越模糊，可以用于模拟照片的景深效果，如图 2-8 所示。

笔记

图2-8　使用模糊工具模糊背景模拟景深效果

2.1.8　锐化工具

锐化工具可以增加边缘的对比度，以增强外观上的锐化程度。使用锐化工具在某个区域内绘制的次数越多，增强的锐化效果就越明显。使用锐化工具锐化动物毛发如图2-9所示。

图2-9　使用锐化工具锐化动物毛发

2.1.9　涂抹工具

涂抹工具可以模拟手指滑过湿油漆的效果。使用涂抹工具可以拾取描边开始位置的颜色，并沿拖曳的方向展开这种颜色。其应用场景十分广泛，可以通过涂抹笔触让颜色过渡得更加自然，还可以绘制出毛发的质感。在对毛发进行抠图时，可以先将毛发部分大致抠出，再使用涂抹工具修整毛发边缘，如图 2-10 所示。

图 2-10　使用涂抹工具绘制出毛发质感

2.2　画笔工具

知 识 脉 络

本节将学习 Photoshop 画笔工具，Photoshop 提供了多种笔刷效果，可以模拟各种绘画材料的效果，使绘画作品更加生动有趣。

知 识 学 习

2.2.1　画笔工具组

画笔工具组中包括颜色替换工具、铅笔工具、画笔工具和混合器画笔工具。

1. 铅笔工具

铅笔工具可以用于绘制边缘较硬的线条，颜色替换工具可以使用前景色替换图像中的特定颜色，但这两个工具在实际工作中使用较少。

2. 画笔工具

画笔工具是 Photoshop 中常用的工具之一，使用画笔工具可以绘制出柔

笔记

和的线条或图案，配合数位板还可以绘制出各种精美的插画。画笔工具并不简单地等同于"画线"工具，它可以通过属性设置模拟各种不同的形状和效果，如图 2-11 所示的下雨、下雪、音符等效果。在实际工作中，画笔工具常用于烘托各类氛围效果或编辑蒙版。

图 2-11　使用画笔工具模拟下雨、下雪、音符效果

2.2.2　画笔属性及参数设置

1. 画笔工具选项栏

选择画笔工具后，在画笔工具选项栏中可以设置其相应的画笔直径、硬度及各种不同的画笔形状，也可以选择不同的模式将设置的颜色以混合模式叠加到原图像中，还可以设置不同的透明度和流量。流量用于设置画笔中所含的颜色数量，流量越小，图像越不清晰。此外，在画笔工具的喷枪状态下得到的边缘会更柔和。若不松开鼠标左键将画笔停留在某处，则前景色将在此淤积。画笔工具选项栏如图 2-12 所示。

| ☆ | ✔ ～ | ●103 ～ | ☑ | 模式: 正常 ～ | 不透明度: 100% ～ | ✔ | 流量: 100% ～ | ✔ | 平滑: 10% ～ | ✿ | ⊿ 0° | ✔ | ☷ |

图 2-12　画笔工具选项栏

2. 画笔面板

使用画笔工具选项栏可以设置画笔的常规属性，在画笔面板中可以对画笔设置更复杂的参数。

在菜单栏中选择"窗口"→"画笔"（快捷键 F5）命令，打开画笔面板，面板分为 3 个区域，画笔预设、画笔笔尖形状和预览区，如图 2-13 所示，可以在其中设置画笔的参数。

（1）"大小"：调整画笔大小。可以直接拖曳滑块调整画笔大小，也可以按"["键缩小画笔大小、按"]"键放大画笔大小，还可以按住 Alt 键和鼠标右键，左右滑动调整画笔大小。

笔记

（2）"翻转 X"或"翻转 Y"：可以使画笔沿水平或垂直方向翻转。

（3）"硬度"：设置画笔硬度。可以直接拖曳滑块调整画笔硬度，也可以按住 Alt 键和鼠标右键，上下滑动调整画笔硬度。

（4）"间距"：设置画笔的间距。

（5）"角度"：设置笔画旋转的角度。

（6）"圆度"：设置笔刷圆度，圆度值越小，画笔越扁平。

此外，还可以通过"形状动态"、"散布"、"颜色动态"和"传递"等参数对画笔进行设置。

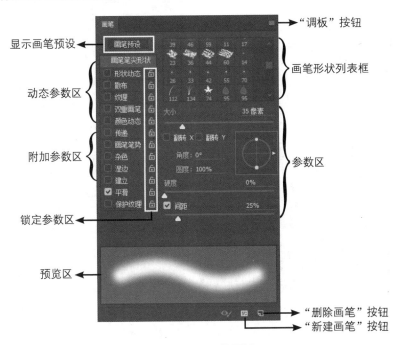

图 2-13　画笔面板

【即时练习】模拟下雨效果

第一步，导入素材，在该素材上方新建一个图层用于添加画笔效果。

第二步，设置画笔笔尖形状。选择圆形画笔，根据下雨时雨点的动态特征设置画笔的"大小"、"角度"、"圆度"和"间距"等参数。注意，要适当增加画笔间距，降低画笔硬度，让雨滴更加柔和。建议设置"大小"为103 像素，"角度"为 –41°，"圆度"为 5%，"硬度"为 27%，"间距"为 280%。

第三步，设置形状动态。进入"形状动态"参数列表，设置"大小抖动"的数值，模拟不同大小的雨滴效果，可根据需要限定雨滴的最小直径。建议设置"大小抖动"为 45%。

笔记

　　第四步，添加散布效果。进入"散布"参数列表，增加散布的数量，设置"数量"和"数量抖动"的数值。建议设置"散布"为546%，"数量抖动"为23%。

　　第五步，设置传递参数。进入"传递"参数列表，设置"不透明度抖动""流量抖动"等参数的数值。建议设置"不透明度抖动"为32%。

　　完成设置后，在新图层上滑动画笔，模拟下雨效果，可根据实际效果对画笔进一步调整。模拟下雨效果和画笔参数设置如图2-14所示。

图2-14　模拟下雨效果和画笔参数设置

2.2.3　画笔工具的应用

1. 绘制线稿并上色

画笔工具可用于绘制线稿并上色。首先创建单独的线稿图层，然后根据需要创建若干新图层，在新图层上分别上色，如图 2-15 所示。

第一步，提取线稿至新图层。若线稿与背景在同一图层上，则可在菜单栏中选择"选择"→"色彩范围"命令，选中白色背景后，在菜单栏中选择"选择"→"反选"命令，选中黑色线稿，复制图层（快捷键 Ctrl+J），将线稿提取为新图层。

第二步，创建若干新图层，在新图层上使用画笔工具分别上色。

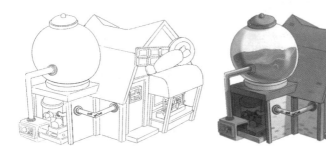

图 2-15　绘制线稿并上色

2. 自定义画笔

除了使用 Photoshop 自带的画笔，还可以自定义画笔。在 Photoshop 中打开要定义为画笔的图像，使用选框工具选中要定义为画笔的区域，在菜单栏中选择"编辑"→"定义画笔预设"命令，将所选区域定义为新画笔。选中新画笔，设置画笔属性进行创作，如图 2-16 所示。

图 2-16　自定义画笔

笔记

3. 编辑图层蒙版

　　使用画笔工具中多样的笔触可编辑图层蒙版，得到不同的视觉效果，如为图片创建独具特色的画框，如图 2-17 所示。

图 2-17　编辑图层蒙版

4. 铅笔效果

　　铅笔工具可模拟铅笔效果，如图 2-18 所示。

图 2-18　铅笔效果

5. 颜色替换

　　画笔工具可以对图像中特定的颜色进行替换，使用该工具还可以矫正目标颜色，如图 2-19 所示。

图 2-19　颜色替换

> **Tips**
>
> 　　颜色替换不适用于采用"位图"、"索引"或"双通道"颜色模式的图像。

2.3　填充工具组与擦除工具组

知 识 脉 络

　　本节将学习 Photoshop 的填充工具组与擦除工具组，它们可以帮助我们更快、更准确地处理图像，提高工作效率和图像质量。

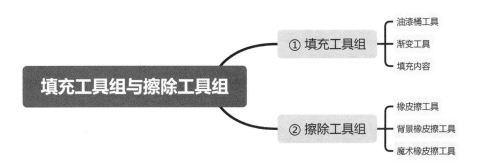

知 识 学 习

2.3.1 填充工具组

填充工具组包含油漆桶工具、渐变工具和 3D 材质拖放工具。

1. 油漆桶工具

油漆桶工具以落点的颜色为基准，对容差范围内的像素进行填色，其"容差"的默认值为 32，如图 2-20 所示。

图 2-20　带容差的油漆桶填充

2. 渐变工具

渐变工具可以填充多种渐变混合的颜色，包括线性渐变、径向渐变、角度渐变、对称渐变和菱形渐变等 5 种类型，如图 2-21 所示。

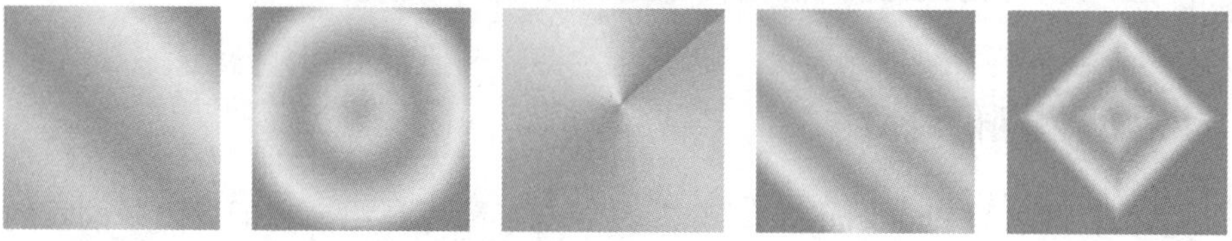

（a）线性渐变　　（b）径向渐变　　（c）角度渐变　　（d）对称渐变　　（e）菱形渐变

图 2-21　5 种渐变类型

渐变类型可在渐变工具选项栏中选择，如图 2-22 所示。此外，还可以设置"模式""不透明度"等参数。勾选"反向"复选框可以将渐变的颜色反向，勾选"仿色"复选框可以创建更为平滑的过渡色，勾选"透明区域"复选框可以创建带有不透明度设置的渐变。

图 2-22　渐变工具选项栏

单击"编辑渐变工具"按钮,在弹出的"渐变编辑器"对话框中编辑渐变颜色,可选择预设的渐变颜色,也可在下方自定义编辑,如图 2-23 所示。自定义编辑条中有上下两组色标滑块,上方的色标滑块用于控制不透明度,下方的色标滑块用于控制颜色。双击下方的某个色标滑块可打开拾色器面板,更改色标的颜色。单击渐变条可创建一个新的色标滑块,拖曳色标滑块可改变色标影响的颜色区域。若要删除色标滑块,则可按 Delete 键,或将其拖曳出渐变条。设置好渐变后可单击"新建"按钮,将其存储在预设列表中,也可以单击"导出"按钮,将其保存为".grd"文件,这样就可以在不同设备中使用该渐变文件,以快速应用相同效果。

设置好渐变颜色后,选择合适的渐变类型,在画布中拖曳鼠标指针即可创建渐变。需要注意的是,拖曳的区域和长短会影响渐变的效果和范围,如图 2-24 所示。

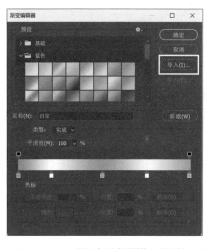
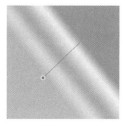

图 2-23　"渐变编辑器"对话框　　图 2-24　拖曳的区域和长短会影响渐变的效果和范围

3. 填充内容

除了填充工具组,填充命令也可以用于填充,可以使用颜色、图案、历史记录或内容识别填充选区、路径或图层。

在菜单栏中选择"编辑"→"填充"(Shift+F5)命令,打开"填充"对话框,在没有创建任何选区的情况下,"内容"默认为"前景色",若当前创建了选区,则"内容"默认为"内容识别"。

若设置"内容"为"图案",则可在"自定图案"下拉列表中选择对应的图案填充,或者单击下拉列表中的"设置"按钮,选择导入图案;若设置"内容"为"历史记录",则将所选区域恢复为原状态或历史记录面板中设置的快照;若设置"内容"为"内容识别",则将根据选区附近的图像智能填充

笔记

选区。为获得最佳效果，建议对要填充的选区适当扩展。

【即时练习】内容识别填充

首先在图像右侧扩展画布并创建一个选区，该选区完全覆盖要填充内容的区域并略微扩展，然后按快捷键 Shift+F5，"内容"默认为"内容识别"，这时将得到一个与附近内容相似的填充效果，如图 2-25 所示。

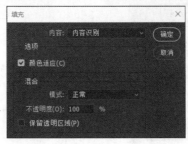

图 2-25　内容识别填充

2.3.2　擦除工具组

橡皮擦工具组包含橡皮擦工具、背景橡皮擦工具和魔术橡皮擦工具。

1. 橡皮擦工具

橡皮擦工具可将像素擦除或更改为背景色。在通常情况下，使用橡皮擦工具会将像素擦除，但对已锁定透明度的图层进行操作，像素将被更改为背景色。

2. 背景橡皮擦工具

背景橡皮擦工具是一种智能橡皮擦，能够自动识别图像中的对象边缘，并将指定范围内的图像擦除为透明区域。背景橡皮擦工具特别适合处理具有清晰边缘的图像，对象的边缘与背景的对比度越高，擦除的效果越好，如图 2-26 所示。

图 2-26　擦除背景并保留对象边缘

图 2-26　擦除背景并保留对象边缘（续）

3. 魔术橡皮擦工具

魔术橡皮擦工具通过单击的方式，删除图像中的部分颜色区域。使用魔术橡皮擦工具单击图层时，该工具会将所有相似的像素更改为透明。若单击已锁定透明度的图层，则这些像素将更改为背景色；若单击背景，则将背景转换为图层，并将所有相似的像素更改为透明，如图 2-27 所示。

图 2-27　使用魔术橡皮擦工具去除背景

环节四　设计执行

📖 设计贴士

喷绘

喷绘是使用利用伯努利原理工作的虹吸压力吹喷技术形成的印刷方式，喷绘机打印的画面具有色彩鲜艳、保质期长、不受幅面和批量限制、制作方法多样化、成本低、制作周期短等特点，如图 2-28 所示。相对于其他手绘技法，喷绘打印出来的画面更细腻、真实，可以超写实地表现物象，达到以假乱真的画面效果。

✏ 笔记

图 2-28　喷绘机

　　掌握喷绘技法是设计师必备的基本功，也是设计学科的学生必学的一门课程。在实际制作与使用中，大多数人认为分辨率越高越好，这是一个错误的认识，分辨率的选择应由画面大小和实际使用场景决定，过高的分辨率在远距离观察时效果反而不好。根据经验，当输出的画面较大时，图像分辨率一般与喷绘机的分辨率保持一致或略高即可，如设置为 36 ～ 72ppi，若要打印的图像是写真，则可将图像分辨率设置为 96ppi。

📖 任务实施

　　一切准备就绪后，就可以制作户外广告了。在制作前，建议学生先梳理制作的主要流程。具体的制作流程请扫描二维码查看。

环节五　评估总结

📖 测试评估

一、单选题

1. 画笔工具的快捷键是（　　）。

　　A. P　　　　　　B. B　　　　　　C. E　　　　　D. D

2. 在以下工具中，（　　）可以复制图像某处像素到目标位置。

　　A. 仿制图章工具　　　　　　B. 修复画笔工具

　　C. 污点修复工具　　　　　　D. 修补工具

　　E. 红眼工具

3. 在以下工具中，（　　）无须采样操作就可以去除杂色或污点。

　　A. 仿制图章工具　　　　　　B. 修复画笔工具

C．污点修复工具　　　　　　D．修补工具

E．红眼工具

4．在以下工具中，（　　　）以区域的形式对图像进行修补。

A．仿制图章工具　　　　　　B．修复画笔工具

C．污点修复工具　　　　　　D．修补工具

E．红眼工具

5．在以下工具中，（　　　）用于快速去除照片中人物的红眼效果。

A．仿制图章工具　　　　　　B．修复画笔工具

C．污点修复工具　　　　　　D．修补工具

E．红眼工具

6．在 Photoshop 中，将前景色和背景色恢复为默认颜色的快捷键是
（　　　）。

A．D　　　　　B．X　　　　　C．Tab　　　　　D．Alt

7．在颜色拾取器中，对颜色的默认描述方式是（　　　）。

A．RGB　　　B．HSB　　　C．Lab　　　D．CMYK

8．在 Photoshop 中，若想绘制直线的画笔效果，则应按住（　　　）键。

A．Ctrl　　　B．Shift　　　C．Alt　　　D．Alt+Shift

9．在 Photoshop 中，使用仿制图章工具的同时按住（　　　）键并单击鼠
标左键可以确定取样点。

A．Alt　　　B．Ctrl　　　C．Shift　　　D．Alt+Shift

10．切换前景色和背景色的快捷键是（　　　）。

A．D　　　　　B．Tab　　　　　C．X　　　　　D．Alt

11．在 HSB 模式中，H、S、B 分别代表（　　　）。

A．明度、饱和度、色相　　　B．饱和度、色相、明度

C．色相、明度、饱和度　　　D．色相、饱和度、明度

12．在 Photoshop 中，使用背景橡皮擦工具擦除图像背景层时，被擦除
的区域会填充（　　　）颜色。

A．黑色　　　B．透明　　　C．前景色　　　D．背景色

13．在 Photoshop 中，使用橡皮擦工具擦除背景层中的对象时，被擦除
区域会填充（　　　）颜色。

A．黑色　　　B．透明　　　C．前景色　　　D．背景色

14．在 Photoshop 中，（　　　）可以落点的颜色为基准，对容差范围内
的像素进行填色，并且可以填充前景色或连续图案。

A．魔术橡皮擦工具　　　　　　B．背景橡皮擦工具

笔记

C. 渐变工具　　　　　　　D. 油漆桶工具

15. 在 Photoshop 中，使用画笔工具绘制雪花，若希望实现雪花散落的效果，则应当设置笔刷的（　　）属性。

A. 形状动态　　B. 纹理　　　C. 散布　　　D. 传递

二、多选题

1. 以下哪些图像的效果可以由 Photoshop 的画笔实现？（　　）

A. 图 1　　　　　B. 图 2　　　　　C. 图 3

图1 　　　　　　　　　　图2　　　　　　　　　　图3

2. 关于画笔参数的设置，以下说法正确的是（　　）。

A. "直径"用于设置笔刷大小，"硬度"用于设置笔刷边缘硬度

B. "间距"用于设置笔刷两点间的间距

C. "圆度"用于设置笔刷圆度，值越小笔刷越扁

D. "角度"用于设置笔刷旋转的角度

E. 各类"抖动"用于设置笔刷的各类波动效果，如"大小抖动"、"角度抖动"和"圆度抖动"分别用于设置笔刷在尺寸、角度和圆度属性上的波动

3. 在 Photoshop 中，渐变工具包括（　　）。

A. 线性渐变　　B. 径向渐变　　C. 角度渐变　　D. 对称渐变

E. 菱形渐变

4. 在以下工具中，（　　）可以根据修改点周围的像素和色彩将图像完美复原。

A. 仿制图章工具　　　　　　B. 修复画笔工具

C. 污点修复工具　　　　　　D. 修补工具

E. 红眼工具

5. 对于喷绘，以下描述正确的是（　　）。

A. 分辨率不必设置为 300ppi　　B. 不必设置出血

C. 通常画幅较大

笔记

三、判断题

若要用到 Photoshop 中没有的笔刷，则可以使用"编辑"→"自定义笔刷"命令创建新笔刷。（　　）

自我评定

项目	自评分				
	1分 很糟	2分 较弱	3分 还行	4分 不错	5分 很棒
对画笔硬度和不透明度概念的认识					
对笔刷类型的认识					
能根据处理类型选择合适的笔刷图案					
能区分图章仿制工具和修复画笔工具的应用场景					
能区分颜色替换工具、铅笔工具和画笔工具					
了解画笔的尺寸和硬度设置					
对本章快捷键的掌握情况					
对创作思路的理解					
能基于客户需求，发散思维，解决问题					
自我评定					

序号：　　　　姓名：　　　　　　　　　　　　填写日期：　　年　月　日

笔记

环节六　拓展练习

　　拓展练习的参考效果如图 2-29 和图 2-30 所示，设计要求、设计思路与实施流程请扫描二维码查看。

拓展练习 1　多重曝光影像风格

图 2-29　多重曝光影像风格

拓展练习 2　复古肌理应用

图 2-30　复古肌理应用

任务三　海报招贴设计

环节一　任务描述

　　本任务主要运用 Photoshop 的矢量工具与文字工具，根据客户需求完成海报招贴设计。为了完成本次任务，我们将学习海报设计与制作的基础知识，以及 Photoshop 的常用功能，使学生能够运用钢笔工具精准地创建选区。

　　本任务的目标如下所示。

任务名称	海报招贴设计	建议学时	6
任务准备	Photoshop、思维导图软件、签字笔、铅笔		
目标类型	任务目标		
知识 目标	1. 掌握海报的常见尺寸与分辨率的设置		
	2. 掌握钢笔工具、文字工具的设置与应用		
能力 目标	1. 具备使用钢笔工具抠出背景复杂但轮廓清晰的图像的能力		
	2. 具备初步的信息搜索能力与审美		
	3. 具备设计制作电影海报的能力		
职业素养目标	1. 具有规范设计与创新探索的意识		
	2. 具有主动思考与主动学习的意识		
	3. 具有版权意识和尊重劳动成果的意识		

📖 任务情景

　　"浮岛平面设计工作室"接到了一项海报招贴设计的任务——某传媒公司为了宣传即将开始的电子音乐节，需要设计制作一张宣传海报。

　　设计要求海报中呈现文案中的关键内容，符合本次电子音乐节的迷幻复古彩色化风格，并具有视觉冲击力。选择的图像要清晰，符合印刷要求，参考效果如图 3-1 所示。

任务资讯

任务演示（1）

任务演示（2）

任务实施

图 3-1　参考效果

📖 文件规范

文件的规范类型及规范参数如表 3-1 所示。

表 3-1　文件的规范类型及规范参数

规范类型	规范参数
文件格式	*.jpg
文件尺寸	成品尺寸：297mm×420mm 设计尺寸：303mm×426mm（出血 3mm）
文件分辨率	300ppi
颜色模式	CMYK
文件大小（储存空间）	＜ 5MB

环节二　任务启动

本任务分为任务实施前、任务实施中、任务实施后 3 个环节，如图 3-2 所示。

任务实施前，要从全局出发对任务进行分析并制订计划，提出决策方案。

第一步，分析任务。对任务进行需求分析，将客户提出的需求分解为具体的子任务；运用调查法或观察法进一步分析，明确任务目标；从专业设计师的角度进行创意分析，明确任务的定位与侧重点；预估在任务实施过程中所需的知识与技能。

第二步，制订计划。将各项任务进一步具体化，揭示任务中的要素、关系及要求。例如，根据任务目标确认文件规格，规划时间进度，描述设计风格与场景，最终形成一份完整的实施计划。

第三步，决策方案。根据任务计划制定任务实施流程，绘制创意草图。

任务实施时，首先要学习相关的知识与技能，确保自身具备独立完成本任务的知识基础和技术技能，然后按流程独立完成作品的设计与制作，并对细节进行打磨。

任务完成后，还需要对作品成果进行评估，查看其是否符合客户需求；最后进行复盘讨论，总结项目经验。建议对拓展项目进行练习，进一步检验自身对基础知识的掌握程度，以及对技能的迁移和创新能力。

任务实施前

01 资讯	任务需求分析	任务分解	调查与观察	创意分析	技能预估
02 计划	确认文件规格	规划时间进度	描述风格与场景	形成完整计划
03 决策	制定任务实施流程	绘制创意草图

任务实施中

| 04 实施 | 学习知识与技能 | 独立实施 | 细节打磨 |

任务实施后

| 05 评价 | 展示成果 | 学习评价 | 优化完善 |
| 06 拓展 | 总结项目经验 | 拓展项目练习 |

图 3-2　任务环节

任务分析

本任务要设计制作一张音乐节宣传海报，要求海报中呈现文案中的关键内容，符合本次电子音乐节的迷幻复古彩色化风格，并具有视觉冲击力。选择的图像要清晰，符合印刷要求。

请根据以上要求进行任务分析，分析内容包括但不限于如下几个方面。

（1）任务描述与分解：对本任务做简要描述，明确任务目标与侧重点，并将任务分解为多个子任务。

（2）创意分析：从创新角度提出本任务的设计创意或独特想法，如独特的画面元素、新颖的表现手法等。

（3）技能预估：对本任务进行技能预估，明确完成本任务可能会使用的工具与命令、方法与技巧，如抠图、调色、图像融合的方法与技巧等。

（4）调查与观察：结合任务描述、创意分析和技能预估，提出要完成本任务可能存在的问题。

（5）制订任务计划：明确任务文件规格和时间进度安排，根据应用场景明确设计风格以及其他要求。

（6）制定任务流程：根据任务计划制定任务流程，绘制任务草图。

请将以上分析内容按类型和要求填写在后面的"海报招贴设计任务分析"、"海报招贴设计任务计划"和"海报招贴设计任务流程图与草图"表格中。

海报招贴设计任务分析如表 3-2 所示。

表 3-2　海报招贴设计任务分析

任务描述		
任务分解	子任务 1	
	子任务 2	
	子任务 3	
	子任务 4	
	子任务 5	
创意分析		
技能预估		
调查与观察	问题 1	
	问题 2	
	问题 3	
	其他观察	

序号：　　　　　姓名：　　　　　填写日期：　　　年　　月　　日

📖 任务计划

海报招贴设计任务计划如表 3-3 所示。

表 3–3　海报招贴设计任务计划

文件规格	宽度（单位：　）	高度（单位：　）	分辨率
时间进度	事项		时间（单位：　）
应用场景			
设计风格			
其他要求			

序号：　　　　　　姓名：　　　　　　填写日期：　　　年　　月　　日

笔记

笔记

📖 任务流程

海报招贴设计任务流程图与草图如表 3-4 所示。

表 3-4　海报招贴设计任务流程图与草图

要求：将任务按照实施步骤或以思维导图的方式拆分为多个流程节点

序号：　　　　　　姓名：　　　　　　填写日期：　　　年　　月　　日

环节三 知识笔记

3.1 钢笔工具

知 识 脉 络

本节将学习钢笔工具的基础知识，包括矢量图形的构成与应用、绘制与编辑路径及路径的基础操作与应用。通过学习这些基础知识，学生能够更快、更准确地处理图像。

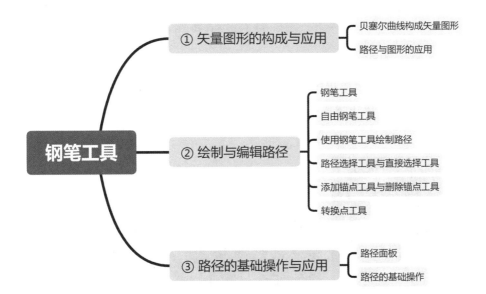

知 识 学 习

3.1.1 矢量图形的构成与应用

1. 贝塞尔曲线构成矢量图形

Photoshop 中构成图形的曲线都是使用贝塞尔曲线绘制的。贝塞尔曲线通过方向线、方向点、锚点和路径线段 4 个元素控制曲线的位置和曲率，如图 3-3 所示。方向线是路径线段的切线，用于调节曲线曲率。方向点是方向线的末端，用于调节方向线的角度及长度。锚点是路径上存在的点，用于确定路径的位置。路径线段是连接一个点与另一个点的曲线。

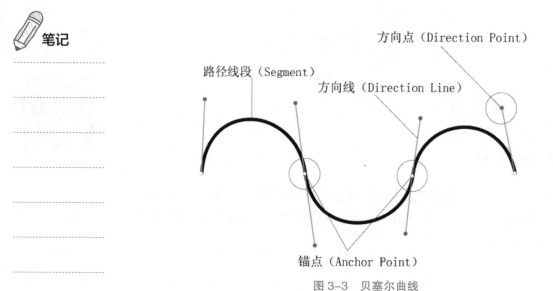

图 3-3　贝塞尔曲线

2. 路径与图形的应用

在 Photoshop 中使用钢笔工具、形状工具等矢量工具，可以绘制出矢量路径或图形，可用于抠图或绘制图标等操作，应用范围非常广泛，如图 3-4 所示。

图 3-4　使用矢量工具绘制矢量路径或图形

3.1.2　绘制与编辑路径

1. 钢笔工具

钢笔工具可以创建复杂的路径和图形，是 Photoshop 中非常强大的矢量工具，快捷键为 P。在钢笔工具选项栏的"类型"下拉列表中，可以选择创建"形状"或"路径"。选择"形状"选项，会创建形状图层；选择"路径"

选项，会在路径面板中创建路径，但不会新增图层。钢笔工具选项栏如图 3-5 所示。

图 3-5　钢笔工具选项栏

　　选择钢笔工具，直接在路径上单击即可添加或删除锚点；按住 Ctrl 键可切换为直接选择工具（"白 A"）；按住 Alt 键可切换为转换点工具。

　　2．自由钢笔工具

　　自由钢笔工具用于绘制不规则路径，与铅笔工具有几分相似。不同的是，自由钢笔工具绘制的路径可以再次编辑，进而形成一条精确的路径。自由钢笔工具选项栏如图 3-6 所示。

图 3-6　自由钢笔工具选项栏

　　3．使用钢笔工具绘制路径

　　使用钢笔工具可以绘制多种不同类型的路径。

　　1）直线型路径

　　选择钢笔工具，在钢笔工具选项栏中选择"类型"下拉列表中的"路径"选项，在画布中单击创建第 1 个锚点。松开鼠标左键，将鼠标指针移至其他位置，再次单击创建第 2 个锚点，重复此操作，创建多个锚点，随后单击第一个锚点即可闭合路径。

　　2）曲线路径

　　在使用钢笔工具创建锚点后，不松开鼠标左键直接拖曳，可将该锚点变为平滑点，重复该操作可创建多个平滑点。

　　3）平滑点与尖突点的互相转换

　　若要将平滑点转换为尖突点，则按住 Alt 键，再次单击平滑点即可，松开鼠标左键后，在任意位置单击可在两点之间绘制直线；若按住 Alt 键，单击尖突点并拖曳，则可将其重新变为平滑点。

　　路径绘制完成后，单击起始点会创建一条闭合路径。在绘制过程中，可使用 Enter 键或 Esc 键结束绘制。若要对路径或形状进一步修改，则可使用

笔记

直接选择工具或锚点工具。

4. 路径选择工具与直接选择工具

在 Photoshop 中，路径选择工具组包含路径选择工具和直接选择工具，如图 3-7 所示。

图 3-7　路径选择工具组

路径选择工具可用于选择整个路径，而直接选择工具可选择路径上的锚点。通过使用这些工具，可以轻松地编辑路径并对其进行微调，以实现所需效果，如图 3-8 所示。

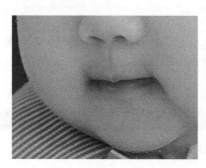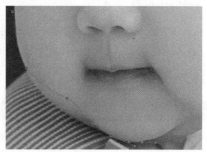

图 3-8　编辑路径并对其进行微调

路径选择工具的图标是一个黑色箭头，快捷键为 A，通常简称"黑 A"，用于选择一条或几条路径并对其进行移动、组合、对齐、分布和变形。

直接选择工具的图标是一个白色箭头，快捷键同样为 A，通常简称"白 A"，用于移动路径中的锚点或线段，也可以调整手柄和控制点。

Tips

　　要注意移动工具（V）和路径选择工具（A）的区别。使用移动工具移动某个图层，同时会移动该图层上的所有对象；使用路径选择工具移动某个图层，只会移动某条选中的路径。

5. 添加锚点工具与删除锚点工具

添加锚点工具与删除锚点工具可以精准编辑路径。在默认情况下，钢笔工具会自动勾选"自动添加 / 删除"复选框，因此只需将鼠标指针悬停在路径上，当其变成加号或减号形状时单击路径，即可添加或删除锚点，如图 3-9 所示。

笔记

图 3-9　添加或删除锚点

6．转换点工具

转换点工具可以实现直线锚点和曲线锚点的转换，单击锚点可将其转换为直线锚点，拖曳锚点可将其转换为曲线锚点。此外，拖曳锚点上的调节手柄可改变线段的弧度，从而对路径的形状进行微调。转换点工具如图 3-10 所示。

图 3-10　转换点工具

Tips

按住 Shift 键拖曳某个锚点，调节手柄的角度将会以 45° 的倍数进行改变；按住 Alt 键，拖曳锚点上的调节手柄，该锚点将会变为尖突点。

【即时练习】使用钢笔工具绘制并编辑路径

使用钢笔工具绘制如图 3-11 所示的直线路径、如图 3-12 所示的曲线路径和如图 3-13 所示的曲线转直线路径，具体操作流程请扫描二维码查看。

图 3-11　直线路径　　图 3-12　曲线路径　　图 3-13　曲线转直线路径

笔记

3.1.3 路径的基础操作与应用

1. 路径面板

路径面板用于管理和保存路径，面板中显示的是工作区中的工作路径和矢量蒙版的缩略图，如图 3-14 所示。使用"窗口"→"路径"命令，可以打开路径面板，在此面板中可以进行创建新路径、加载已有路径、存储路径等操作，还可以查看路径的状态和属性。

2. 路径的基础操作

（1）新建路径：单击路径面板的"创建新路径"按钮。

（2）用前景色填充路径：单击路径面板的"用前景色填充路径"按钮。

（3）用画笔描边路径：单击路径面板的"用画笔描边路径"按钮。

（4）复制路径：将需要复制的路径拖曳到"创建新路径"按钮上，或单击路径面板右上方的图标，在弹出的菜单中选择"复制路径"命令，单击"确定"按钮，将所选路径复制为一个新路径。

（5）删除路径：选择需要删除的路径，单击路径面板底部的"删除当前路径"按钮，或单击路径面板右上方的图标，在弹出的菜单中选择"删除路径"命令，将所选路径删除。

（6）保存工作路径：双击路径面板中的路径名，出现文本框，重命名路径，更改名称后按 Enter 键确认。

（7）将选区转换为路径：单击路径面板中的"从选区生成工作路径"按钮。

（8）将路径转换为选区：单击路径面板中的"将路径作为选区载入"按钮。

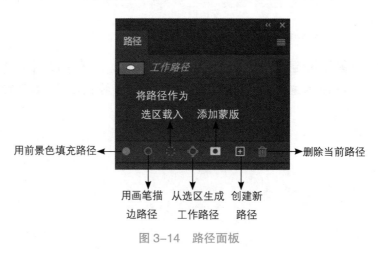

图 3-14　路径面板

3.2　形状工具

知 识 脉 络

　　本节将学习形状工具的基础知识，包括形状工具组、绘制形状、形状工具的应用和复合图形绘制等。通过学习这些基础知识，学生能够更快、更准确地处理、绘制图形。

知 识 学 习

3.2.1　形状工具组

　　Photoshop 的形状工具组中包含矩形工具、椭圆工具、三角形工具、多边形工具、直线工具、自定形状工具 6 种形状工具，如图 3-15 所示。

图 3-15　形状工具组

3.2.2　绘制形状

　　矩形工具可以绘制矩形。选择矩形工具，按住鼠标左键并拖曳即可绘制矩形。

> **Tips**
>
> 　　按住 Shift 键并拖曳鼠标可绘制正方形；按住 Alt 键并拖曳鼠标，可以落点为中心绘制矩形；按住快捷键 Shift+Alt 并拖曳鼠标，可以落点为中心向外绘制正方形。

笔记

矩形工具可以绘制矩形和正方形，若在工具选项栏中修改"半径"的数值，则可以绘制圆角矩形。椭圆工具可以用来绘制椭圆形和正圆形。按住 Shift 键并拖曳鼠标可以绘制圆形。多边形工具可以通过设置不同"边"的数值来绘制不同的多边形，如图 3-16 所示。

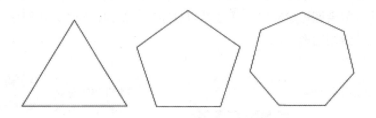

图 3-16　绘制不同的多边形

直线工具可以用来绘制直线和斜线，并设置颜色、粗细和样式等属性。

Tips

按住 Shift 键并拖曳鼠标可以创建水平、垂直或呈 45° 的直线。

自定形状工具可以绘制自定义形状，并设置颜色、描边样式和宽度等属性，实现更加灵活的形状设计，如图 3-17 所示。选择自定形状工具，在自定形状工具选项栏的"形状"下拉列表中选择所需图形进行绘制。若要载入更多的自定义图形，则可点击形状库面板右侧的"设置"按钮，在弹出的菜单中选择载入图形即可。

图 3-17　绘制自定义图形

3.2.3　形状工具的应用

1. 搭建网页架构

使用形状工具组中的矩形工具可以搭建网页架构，结合剪贴蒙版可以精确设置图片大小，无须逐一裁剪图片，如图 3-18 所示。

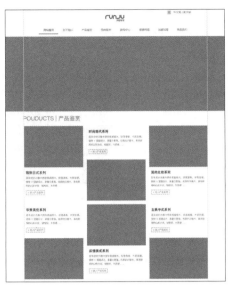

图 3-18　搭建网页架构

2. 图标绘制

使用矩形工具、椭圆工具等规则形状工具，结合布尔运算，可以轻松创建各类规范图标，如图 3-19 所示。相比手绘的图标，使用规则形状工具创建的图标更加标准。

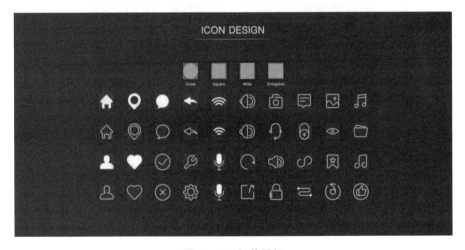

图 3-19　规范图标

3.2.4　复合图形绘制

结合形状工具组和路径选择工具，并利用布尔运算和顺序调整功能，可以轻松绘制复杂的复合图形。以图 3-20 为例，图中的图标主要是使用形状

笔记

工具组和路径选择工具绘制的，绘制过程中还运用了布尔运算，并对形状的上下顺序进行了调整。

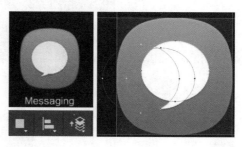

图 3-20　复合图形

【即时练习】形状的布尔运算

使用形状的布尔运算绘制简单的图标，如图 3-21 所示。具体操作流程请扫描二维码查看。

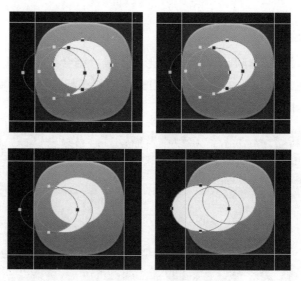

图 3-21　使用形状的布尔运算绘制简单的图标

3.3　文字基础

知识脉络

本节将学习文字工具的基础知识，包括文字的表现、键入文字、格式化文本、转换文字、文字变形效果及创建与编辑路径文字。通过学习这些知识，学生能够更快、更准确地设计字体。

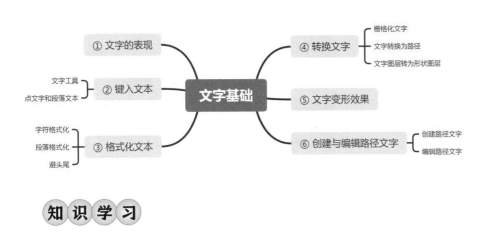

知识学习

3.3.1　文字的表现

文字工具组包含横排文字工具、直排文字工具、横排文字蒙版工具和直排文字蒙版工具，用于创建横排文字和直排文字，并设置文字的字体、字号和颜色等。不同的字体、字号和颜色对信息的准确传达、观众的重点引导有重要作用，如图 3-22 所示。

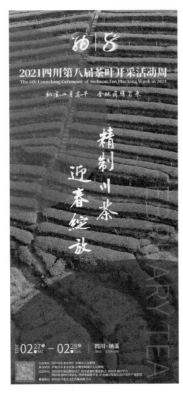

图 3-22　文字的表现

笔记

3.3.2 键入文本

1. 文字工具

文字工具选项栏可以进行文字属性的常规设置，如字体、字号、文本方向、文本对齐方式等，如图 3-23 所示。

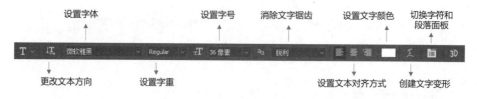

图 3-23 文字工具选项栏

（1）更改文本方向：可以实现横排文字和直排文字的相互转换。在图像中输入横排文字，在菜单栏中选择"图层"→"文字"→"垂直"命令，将文字从水平方向转换为垂直方向，反之亦然。

Tips

更改文本方向对整个图层的文字生效，无法单独转换某一行或某几行文字。因此，直接选中图层即可转换，无须使用文字工具选中全部文本。

（2）消除文字锯齿：通过调整该选项，可以改变文字轮廓的锯齿状，使其变得更加平滑，如图 3-24 所示。

图 3-24 消除文字锯齿

（3）键入横排 / 直排文字：选择横排 / 直排文字工具（快捷键 T），在页面中单击插入光标，创建一个文字图层并输入横排 / 直排文字，在文字工具选项栏中可以设置相关参数。文字输入完成后，单击文字工具选项栏中的"确认"按钮（Ctrl+Enter）可确认输入文字，单击"取消输入"按钮（快捷键 Esc）可取消输入文字。

（4）横排 / 直排文字蒙版工具：在图像中创建横排 / 直排文本的选区。

2. 点文字与段落文本

1）点文字

选择文字工具，在图像中单击并输入文字，此时输入的文字是点文字，

笔记

又称为美术字，如图 3-25 所示。点文字不会自动换行，随着文字数量的增加，文字行会持续扩展，常用于各类标题。

Photoshop平面设计

图 3-25　点文字

2）段落文本

选择文字工具，在图像中单击并拖曳鼠标指针，创建一个文本框，此时输入的文字是段落文本。段落文本在段落文本框中编辑，可自动换行，设置行距、缩进、避头尾等段落属性。段落文本框是可编辑的，可以拉伸、旋转或缩放。

Tips

在拉伸段落文本框时，改变的是文本框的尺寸，而非段落文本。

输入段落文本：选择横排文字工具，将鼠标指针悬停在画板空白处，当鼠标指针变成输入状态时，按住鼠标左键并向画板右下角拖曳鼠标指针，此时会出现一个文本框。在文本框中输入文本后，按文字工具选项栏中的确认按钮或快捷键 Ctrl+Enter 即可输入段落文本，如图 3-26 所示。

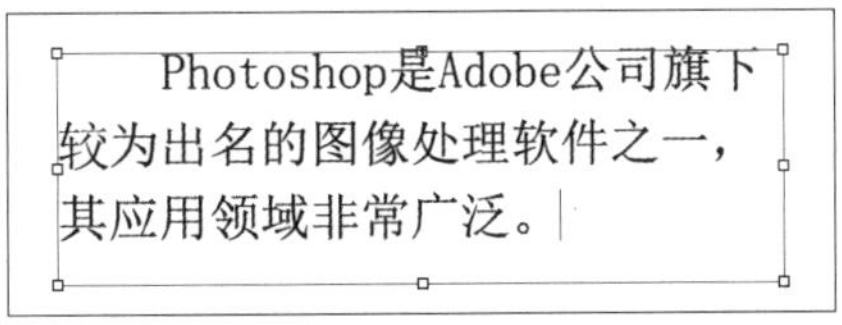

Photoshop是Adobe公司旗下较为出名的图像处理软件之一，其应用领域非常广泛。

图 3-26　输入段落文本

3）点文字与段落文本的相互转换

选中要转换的点文字或段落文本，在菜单栏中选择"文字"→"转换为段落文本"（或"转换为点文字"）命令，或者右击图层，在弹出的快捷菜单中选择"转换为段落文本"（或"转换为点文字"）命令，即可实现转换。

3.3.3　格式化文本

1. 字符格式化

除了可以在文本工具选项栏中设置文本属性，还可以在字符面板中设置文本属性，字符面板提供了字符设置的所有属性。在菜单栏中选择"文字"→"面板"→"字符面板"命令，或者单击文字工具选项栏中的"切换

笔记

字符和段落面板"按钮，即可打开字符面板，设置字体、字号、字重、文本颜色、行距、字距、垂直缩放、水平缩放、基线偏移、文字样式等属性，如图 3-27 所示。

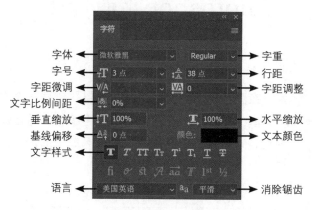

图 3-27　字符面板

2. 段落格式化

段落面板提供了段落设置的所有属性。在菜单栏中选择"文字"→"面板"→"字符面板"命令，或者单击文字工具选项栏中的"切换字符和段落面板"按钮，即可打开段落面板，设置对齐、缩进、段前距、段后距、避头尾等属性，如图 3-28 所示。

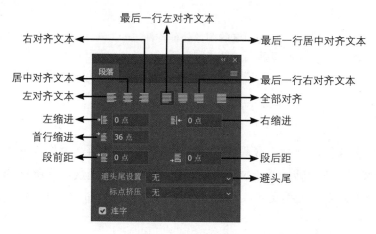

图 3-28　段落面板

Tips

　　为了确保文字显示整齐，建议使用"最后一行左对齐文本"的对齐方式。

3. 避头尾

对段落文本排版时,要注意"避头尾"禁排规定。例如,行首不能放置句号、逗号、顿号、分号、冒号、问号、感叹号、下引号、下括号、下书名号等标点符号,行末不能放置上引号、上括号、上书名号及中文中的序号(如①②③等)。此外,数字中的分数、年份、化学分子式、数字前的正负号、温度标识符及单音节的外文单词等,也不应该分开排在上下两行。若遇到这种情况,则可以使用避头尾法则设置约束,效果如图 3-29 所示。

Photoshop是Adobe公司旗下较为出名的图像处理软件之一,其应用领域非常广泛,在图像、图形、文字、视频、出版等各方面都有涉及。

Photoshop是Adobe公司旗下较为出名的图像处理软件之一,其应用领域非常广泛,在图像、图形、文字、视频、出版等各方面都有涉及。

图 3-29 使用避头尾法则设置约束

3.3.4 转换文字

1. 栅格化文字

(1)栅格化文字:将文字图层转换为普通图层需要进行栅格化处理。文字图层是一种特殊的图层类型,在其中无法使用调整命令、绘画或修饰工具及滤镜效果。要想使用滤镜为文字添加更丰富的效果,必须将文字图层转换为普通图层并进行栅格化。栅格化文字后添加"风"滤镜如图 3-30 所示。

图 3-30 栅格化文字后添加"风"滤镜

(2)将文字图层转换为普通图层:在菜单栏中选择"文字"→"栅格化文字图层"命令,或者右击文字图层,在弹出的快捷菜单中选择"栅格化文字图层"命令。图层栅格化前后对比如图 3-31 所示。

图 3-31 图层栅格化前后对比

2. 文字转换为路径

在菜单栏中选择"文字"→"创建工作路径"命令或者右击文字图层，在弹出的快捷菜单中选择"创建工作路径"命令，即可将文字转换为路径，如图 3-32 所示。在创建好路径后，可以根据需要将其转换为选区，或沿路径设置描边等效果。

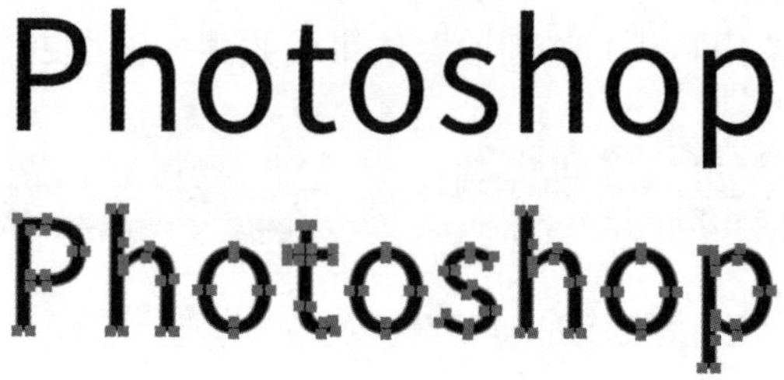

Photoshop
Photoshop

图 3-32　文字转换为路径

3. 文字图层转为形状图层

在菜单栏中选择"文字"→"转换为形状"命令，或者右击文字图层，在弹出的快捷菜单中选择"转换为形状"命令，即可将文字图层转换为形状图层。在转换后，可以自定义编辑形状工具，设计创意文字，如图 3-33 所示。

图 3-33　设计创意文字

3.3.5　文字变形效果

常见的文字变形效果有扇形、弧形、弓形、贝壳等。在选中文字后，单击文字工具选项栏中的"创建文字变形"按钮，在"变形文字"对话框的"样式"下拉列表中选择所需效果，如图 3-34 所示。还可以在该对话框中设置各个效果的参数，以控制变形的幅度和方向。

笔记

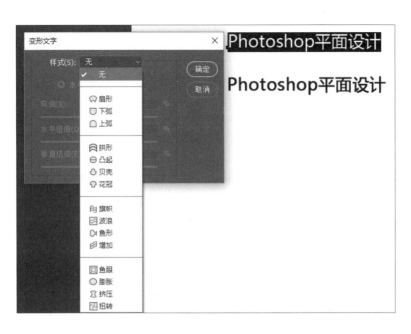

图 3-34 文字变形效果

3.3.6 创建与编辑路径文字

1. 创建路径文字

路径文字是沿路径或轮廓形状排列的文字。路径文字可以在视觉上形成路线引导，从而更好地融入设计中，让作品更具特色和吸引力。

先使用钢笔工具绘制一条路径，再选择文字工具，将鼠标指针移动到路径上，单击路径出现闪烁的光标，这表示此处为输入文字的起始点，此后输入的文字都会沿路径的形状排列，如图 3-35 所示。

图 3-35 文字沿路径的形状排列

2. 编辑路径文字

1）在路径上移动文字

若文字无法完全显示或要移动路径上的文字，则可按住 Ctrl 键，将光标插入文字，在路径上拖动结束点可扩大或缩小文字显示范围，拖动起始点可移动路径文字，如图 3-36 所示。

图 3-36 修改文字显示范围或移动文字

2）在路径上翻转文字

按住 Ctrl 键，将光标插入文字，将文字向路径的另一侧拖曳即可在路径上翻转文字，如图 3-37 所示。

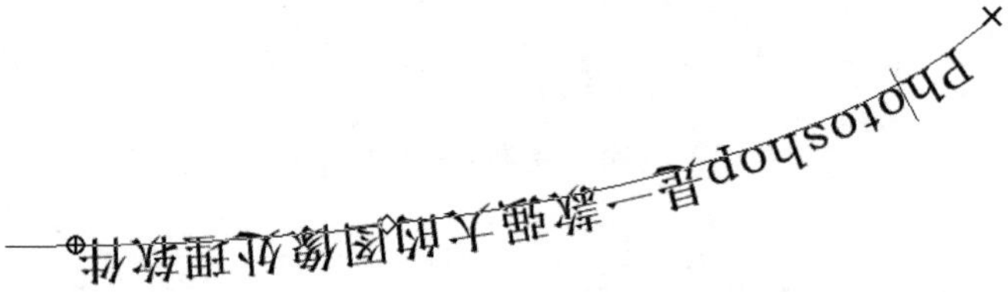

图 3-37 在路径上翻转文字

3）调整文字形态和位置

使用直接选择工具、钢笔工具等矢量工具在路径上添加或删除节点，或者对路径的曲率、角度、节点位置等参数进行调整，即可同步调整绕排在路径上的文字形态和位置，如图 3-38 所示。

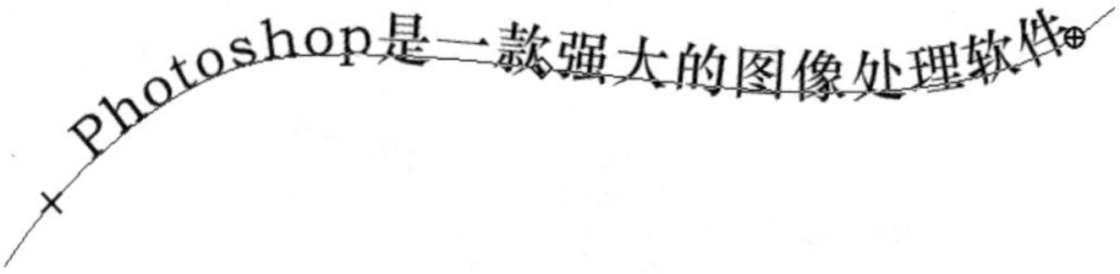

图 3-38 调整文字形态和位置

环节四 设计执行

 笔记

设计贴士

字体版权

在商业设计中，除了要重视图片版权，还要重视字体版权。法律专家指出，字体属于计算机软件，受著作权法保护。

为确保在商业设计中能够合法使用字体，要注意以下关键事项。

第一，了解字体的版权归属。不同的字体可能由不同的设计师或公司创作，其享有相应的版权。在商业设计中，使用字体前需要了解该字体的版权归属情况，避免侵犯他人版权。

第二，核实字体的使用许可。商业设计中使用的字体可能受版权保护，因此需要核实字体的使用许可。有些字体可能允许免费使用，但仅限于特定用途或范围；而有些字体需要购买商业使用授权。在使用字体前，务必查阅相关的使用许可协议，确保合法使用。

第三，尊重原创设计师的权益。字体设计是一种艺术创作，原创设计师对其作品享有权益。在商业设计中使用相关字体时，应尊重原创设计师的权益，避免未经授权地修改、复制或传播字体文件。

第四，寻找合适的替代字体。若商业设计中需要使用特定字体，但无法获取合法的商业使用授权，则可以尝试寻找合适的替代字体。市场上有许多优秀的免费字体或开源字体可供选择，这些字体可能具有相似的风格或特点，同样可以满足设计需求。

第五，咨询专业律师或法律顾问。若对字体版权问题存在疑问或不确定如何合法使用字体，则建议咨询专业律师或法律顾问。他们能够提供专业的法律意见和指导，确保商业设计的合法性。

任务实施

一切准备就绪后，就可以制作宣传海报了。在制作前，建议学生先梳理制作的主要流程。具体的制作流程请扫描二维码查看。

环节五 评估总结

📖 测试评估

一、单选题

1. 钢笔工具的快捷键是（   ）。

   A. G   B. P   C. V   D. D

2. 路径选择工具（黑 A）和直接选择工具（白 A）的快捷键是（   ）。

   A. A   B. P   C. V   D. T

3. 文字工具的快捷键是（   ）。

   A. X   B. P   C. T   D. W

4. 在使用钢笔工具抠图时，建议选择（   ）工具模式。

   A. 路径   B. 形状   C. 像素

5. 在使用形状工具绘制图标时，建议选择（   ）工具模式。

   A. 路径   B. 形状   C. 像素

6. 在下图中，关于贝塞尔曲线的描述正确的是（   ）。

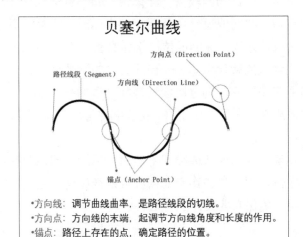

A. 关于方向线的描述是正确的

B. 关于方向点的描述是正确的

C. 关于锚点的描述是正确的

D. 关于路径线段的描述是正确的

E. 都是正确的

F. 都是错误的

7．在钢笔工具状态下，要想将钢笔工具分别快速切换为直接选择工具和转换点工具，可以分别按下快捷键（   ）。

A．Ctrl、Shift

B．Ctrl、Ctrl+shift

C．Ctrl、Alt

D．Ctrl、Ctrl+Alt

E．Shift、Ctrl

F．Alt、Ctrl

8．关于海报的印刷，以下说法正确的是（   ）。

A．分辨率至少应设置为 150ppi，出血一般设置为 6mm

B．分辨率至少应设置为 300ppi，出血一般设置为 6mm

C．分辨率至少应设置为 150ppi，出血一般设置为 3mm

D．分辨率至少应设置为 300ppi，出血一般设置为 3mm

二、多选题

1．以下说法正确的是（   ）。

A．选中钢笔工具时，在已有线段上单击，若此处没有锚点，则会在单击处增加锚点

B．选中钢笔工具时，在已有线段上单击，若此处有锚点，则会在单击处删除锚点

C．若使用转换点工具单击某点，则该点无论之前是平滑点还是尖突点，单击后都将变为尖突点

D．若使用转换点工具拖曳某点，则该点无论之前是平滑点还是尖突点，拖曳后都将变为平滑点

2．关于尖突点的绘制，以下描述正确的是（   ）。

A．使用钢笔工具在画布上不同的位置不断单击，绘制的节点都是尖突点

B．若上一个节点 A 是平滑点，有首尾两根方向线，且下一步要绘制直线，则按住 Alt 键，单击节点 A，并在任意位置单击形成节点 B，即可绘制线段 AB，且节点 A 将变为尖突点

C．某节点 A 的两根方向线呈 180°，则节点 A 是尖突点

D．在使用钢笔工具创建锚点后，不松开鼠标左键直接拖曳，可将该点变为尖突点

3．常见的商用海报尺寸有（   ）。

A．42cm×57cm

B．40cm×60cm

C．50cm×70cm

D．60cm×90cm

三、判断题

（1）在 Photoshop 中，可以使用钢笔工具抠图。   （   ）

（2）点文字常用于标题，段落文本常用于正文。   （   ）

笔记

（3）路径选择工具用于选择路径或形状。　　　　　　　　　（　　）

（4）直接选择工具用于调整路径或形状的节点。　　　　　　（　　）

📖 自我评定

项目	自评分				
	1 分 很糟	2 分 较差	3 分 还行	4 分 不错	5 分 很棒
对形状工具的认识					
对钢笔工具的认识					
能区分点文字与段落文本					
能创建和载入自定义形状					
能区分钢笔工具与自由钢笔工具					
能复述字符面板中各参数的含义					
对本章快捷键的掌握情况					
对创作思路的理解					
能基于客户需求，发散思维，解决问题					
自我评定					

序号：　　　　　　姓名：　　　　　　填写日期：　　　年　　月　　日

环节六　拓展练习

拓展练习的参考效果如图 3-39 和图 3-40 所示，设计要求、设计思路与实施流程请扫描二维码查看。

拓展练习 1　钢笔画风格

图 3-39　钢笔画风格

拓展练习 2　水墨风格字体设计

图 3-40　水墨风格字体设计

任务资讯

任务演示（1）

任务演示（2）

任务演示（3）

任务实施

任务四　宣传单设计

环节一　任务描述

本任务主要运用 Photoshop 的图层，根据客户需求完成宣传单设计。本任务的目标如下所示。

任务名称	宣传单设计	建议学时	6
任务准备	Photoshop、思维导图软件、签字笔、铅笔		
目标类型	任务目标		
知识目标	1. 掌握图层的基础操作		
	2. 掌握图层样式与图层混合模式的使用方法		
能力目标	1. 具备使用图层组织对象与制作特殊图像效果的能力		
	2. 具备设计并制作宣传单的能力		
职业素养目标	1. 具有设计规范意识与创新精神		
	2. 具有开创风格、大胆创新的意识		
	3. 具有主动思考与主动学习的意识		

📖 任务情景

某品牌推出了"杨枝甘露摇摇冻"新品饮料，现需要设计一款 DM 宣传单对其进行宣传。宣传单中要呈现文案中的关键内容及搜索信息，紧扣新品饮料特点，呈现芒果新鲜可口的视觉效果，营造夏日风情的轻松氛围，且具有视觉冲击力。选择的图像要清晰，符合印刷要求，参考效果如图 4-1 所示。

图 4-1　参考效果

🔖 文件规范

文件的规范类型及规范参数如表 4-1 所示。

表 4-1　文件的规范类型及规范参数

规范类型	规范参数
文件格式	*.jpg
文件尺寸	成品尺寸：210mm×285mm 设计尺寸：216mm×291mm（出血 3mm）
文件分辨率	300ppi
颜色模式	CMYK
文件大小（储存空间）	＜ 20MB

环节二　任务启动

本任务分为任务实施前、任务实施中、任务实施后 3 个环节，如图 4-2 所示。

任务实施前，要从全局出发对任务进行分析并制订计划，提出决策方案。

第一步，分析任务。对任务进行需求分析，将客户提出的需求分解为具体的子任务；运用调查法或观察法进一步分析，明确任务目标；从专业设计师的角度进行创意分析，明确任务的定位与侧重点；预估在任务实施过程中所需的知识与技能。

第二步，制订计划。将各项任务进一步具体化，揭示任务中的要素、关系及要求。例如，根据任务目标确认文件规格，规划时间进度，描述设计风格与场景，最终形成一份完整的实施计划。

第三步，决策方案。根据任务计划制定任务实施流程，绘制创意草图。

任务实施时，首先要学习相关的知识与技能，确保自身具备独立完成本任务的知识基础和技术技能，然后按流程独立完成作品的设计与制作，并对细节进行打磨。

任务完成后，还需要对作品成果进行评估，查看其是否符合客户需求；最后进行复盘讨论，总结项目经验。建议对拓展项目进行练习，进一步检验自身对基础知识的掌握、程度，以及对技能的迁移和创新能力。

笔记

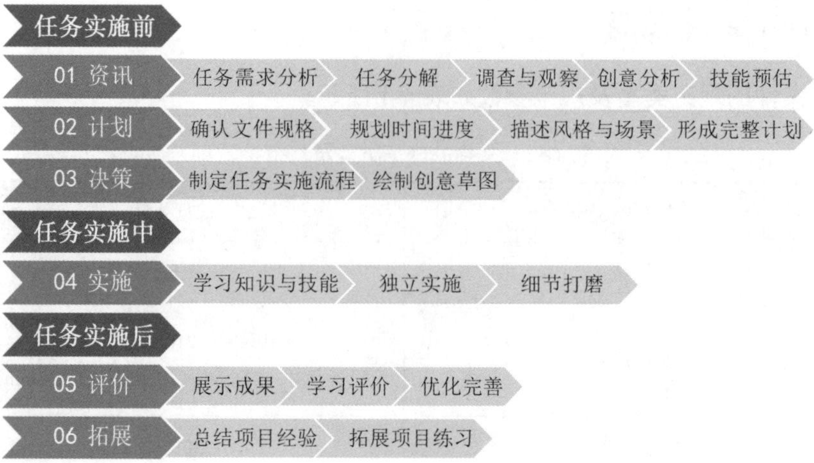

任务实施前
- 01 资讯 — 任务需求分析 — 任务分解 — 调查与观察 — 创意分析 — 技能预估
- 02 计划 — 确认文件规格 — 规划时间进度 — 描述风格与场景 — 形成完整计划
- 03 决策 — 制定任务实施流程 — 绘制创意草图

任务实施中
- 04 实施 — 学习知识与技能 — 独立实施 — 细节打磨

任务实施后
- 05 评价 — 展示成果 — 学习评价 — 优化完善
- 06 拓展 — 总结项目经验 — 拓展项目练习

图 4-2　任务环节

📖 任务分析

本任务要设计制作一张 DM 宣传单，要求宣传单中呈现文案中的关键内容及搜索信息，突出夏日新品饮料新鲜可口的特点和夏日风情的轻松氛围。选择的图像要清晰，符合印刷要求。

请根据以上要求进行任务分析，分析内容包括但不限于如下几个方面。

（1）任务描述与分解：对本任务做简要描述，明确任务目标与侧重点，并将任务分解为多个子任务。

（2）创意分析：从创新角度提出本任务的设计创意或独特想法，如独特的画面元素、新颖的表现手法等。

（3）技能预估：对本任务进行技能预估，明确完成本任务可能会使用的工具与命令、方法与技巧，如抠图、调色、图像融合的方法与技巧等。

（4）调查与观察：结合任务描述、创意分析和技能预估，提出要完成本任务可能存在的问题。

（5）制订任务计划：明确任务文件规格和时间进度安排，根据应用场景明确设计风格及其他要求。

（6）制定任务流程：根据任务计划制定任务流程，绘制任务草图。

请将以上分析内容按类型和要求填写在后面的"宣传单设计任务分析"、"宣传单设计任务计划"和"宣传单设计任务流程图与草图"表格中。

宣传单设计任务分析如表 4-2 所示。

表 4–2　宣传单设计任务分析

笔记

任务描述		
任务分解	子任务 1	
	子任务 2	
	子任务 3	
	子任务 4	
	子任务 5	
创意分析		
技能预估		
调查与观察	问题 1	
	问题 2	
	问题 3	
	其他观察	

序号：　　　　　　姓名：　　　　　　填写日期：　　　年　　月　　日

笔记

🗎 任务计划

宣传单设计任务计划如表 4-3 所示。

表 4–3　宣传单设计任务计划

文件规格	宽度（单位：　　）		高度（单位：　　）	分辨率
时间进度	事项			时间（单位：　　）
应用场景				
设计风格				
其他要求				

序号：　　　　　　姓名：　　　　　　　　填写日期：　　　年　　月　　日

📖 任务流程

宣传单设计任务流程图与草图如表 4-4 所示。

表 4–4　宣传单设计任务流程图与草图

要求：将任务按照实施步骤或以思维导图的方式拆分为多个流程节点

序号：　　　　　　　姓名：　　　　　　　填写日期：　　　　年　　　月　　　日

笔记

环节三　知识笔记

4.1　图层与图层组

知 识 脉 络

本节将学习 Photoshop 的图层与图层组，它便于图像编辑，可以帮助我们更好地组织、管理、保护和修改图像内容，以实现复杂的效果。

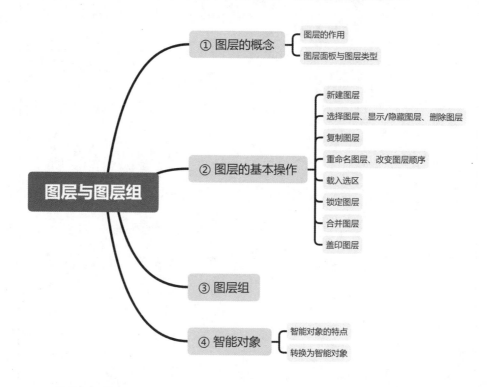

知 识 学 习

4.1.1　图层的概念

1. 图层的作用

图层是 Photoshop 的核心功能之一，几乎所有的图像处理都需要基于图层操作。图层就像一张绘制着不同图像的透明胶片，将这些胶片叠加在一起就能呈现出最终的图像。之所以要使用多个图层来呈现一张图像，是因为图层具有独立保存、排序、屏蔽等功能。

（1）独立保存功能：位于不同图层上的元素互不影响，可以单独处理。

（2）排序功能：改变图层的叠加顺序，可以改变图层上图像的遮挡顺序。

（3）屏蔽功能：使用图层蒙版遮挡图层上的部分图像，可以将不同的图像合成在一起。

（4）其他功能：使用图层样式、图层混合模式可以营造阴影、混合叠加等特殊效果，让图像合成得更加自然。

2. 图层面板与图层类型

图层面板可以创建、编辑、管理图层，也可以添加图层样式、设置混合模式，如图 4-3 所示。所有类型的图层都可以在图层面板中查看，包括背景图层、普通图层、文字图层、形状图层、智能对象、调整图层等功能。

图 4-3　图层面板

4.1.2　图层的基本操作

通过新建图层、选择图层、显示 / 隐藏图层、删除图层、复制图层、重命名图层、改变图层顺序、载入选区、锁定图层、合并图层等功能，可进行图像处理、创意合成等操作。

1. 新建图层

新建图层有 3 种方法。

（1）直接单击图层面板底部的"创建新图层"按钮即可快速新建图层，创建的新图层会成为当前图层。若要在当前图层的下方创建新图层，则可按住 Ctrl 键，单击"创建新图层"按钮。此时要注意，所有图层都是显示在背景图层上方的，在背景图层下方是不可以创建图层的。

（2）在菜单栏中选择"图层"→"新建"→"图层"命令（Shift+Ctrl+N），

笔记

在弹出的"新建图层"对话框中设置参数，如名称、颜色、模式、不透明度等，如图 4-4 所示。

（3）单击"调板"按钮，要弹出的菜单中选择"新建图层"命令也可以创建图层。

图 4-4 "新建图层"对话框

Tips

"新建图层"对话框中的"颜色"选项的作用不是将图层填充为某种颜色。如选择红色，在创建图层后，则在前方"隐藏标志"处显示为红色，这样做是为了醒目显示或为图层进行分类。

2．选择图层、显示 / 隐藏图层、删除图层

1）选择图层

选择多个相邻图层：单击第一个图层，之后按住 Shift 键单击最后一个图层即可。

选择多个不相邻图层：按住 Ctrl 键，单击所需图层即可。

选择所有图层：使用"选择"→"所有图层"命令（Ctrl+Alt+A），可以选中图层面板中的所有图层。

链接多个图层：为了使多个相关图层同时移动，在选择多个图层后单击图层面板底部的"链接"按钮，此时移动链接图层中的任一图层，所有被链接图层都可以同时移动。再次单击"链接"按钮，可以取消链接。

自动选择图层：在移动工具选项栏中，勾选"自动选择"复选框，当移动某个图像时，会自动选中该图像所在的图层，如图 4-5 所示。

图 4-5 勾选"自动选择"复选框

2）显示 / 隐藏图层

单击图层前面的"眼睛"图标，可显示 / 隐藏图层。按住 Alt 键，单击图层前面的"眼睛"图标，可显示当前图层并隐藏其他所有图层。再次按住 Alt 键单击该图层前面的"眼睛"图标，可恢复原状态。

3）删除图层

选中要删除的图层，单击图层面板底部的"删除"按钮，或者将图层拖曳到"删除"按钮上，即可删除图层。

3．复制图层

1）在同一文件中复制图层

将要复制的图层拖曳到"新建图层"按钮上，或者按住 Alt 键拖曳图层

到需要复制的位置，或者按快捷键 Ctrl+J 复制图层。

2）在不同文件中复制图层

选中需要复制的图层并右击，在弹出的快捷菜单中选择"复制图层"命令，打开"复制图层"对话框，在"文档"选项中选择要将图层复制到哪个文件中，单击"确定"按钮即可复制图层到对应的文件，如图 4-6 所示。

也可以直接拖曳要复制的图层到另一个文件中，松开鼠标左键即可完成复制。

图 4-6　"复制图层"对话框

4．重命名图层、改变图层顺序

1）重命名图层

双击图层名称，显示文本框后输入新的图层名称即可。

2）改变图层顺序

拖曳图层到相应位置即可，要注意图层间的遮挡关系，不同的图层顺序有不同的显示效果，如图 4-7 所示。

图 4-7　图层顺序不同的显示效果对比

笔记

5. 载入选区

将图层载入选区可以快速选择图层中的非透明区域。按住 Ctrl 键并单击图层的缩略图即可载入选区，如图 4-8 所示。

图 4-8　载入选区

6. 锁定图层

图层面板中的锁定开关可以保护图层的某些特定属性。锁定透明像素后，只可以编辑该图层中有像素的区域；锁定图像像素后，可以防止意外更改图层像素，但仍可以使用混合模式、不透明度、图层样式等；锁定位置后，将无法移动图层；锁定全部后，该图层不可以进行任何编辑，如图 4-9 所示。

图 4-9　锁定图层

7. 合并图层

每一个图层都会占用计算机资源，从而导致图像处理速度变慢。将相同属性的图层合并或将没有用处的图层删除，可以减小图像文件的体积。对于复杂的图像文件，图层数量减少后，既方便管理，又可以快速找到需要的图层，如图 4-10 所示。

图 4-10　合并图层

使用快捷键 Ctrl+E 可合并图层，使用快捷键 Ctrl+Shift+E 可合并可见图层。

8. 盖印图层

盖印是比较特殊的图层合并方式，它可以将多个图层中的图像内容合并到一个新的图层中，同时保持其他图层完好无损。若既想要得到某些图层的合并效果，又想要保持原图层的完整性，则可以选择创建盖印图层。选中需要盖印的图层，按快捷键 Ctrl+Alt+Shift+E 即可创建盖印图层，如图 4-11 所示。

图 4-11　盖印图层

4.1.3　图层组

图层组可以分类组织与管理图层，对于较复杂的图像文件，一定要对图层进行分组，以便后期的管理和查找。选中需要分组的图层后，按快捷键 Ctrl+G 即可创建图层组，图层组以文件夹的形式显示，如图 4-12 所示。

图 4-12 图层组

4.1.4 智能对象

1. 智能对象的特点

　　智能对象是指包含位图或矢量图的图像数据的图层，它可以保留图像的原始内容和原始特性，防止用户对图层进行破坏性编辑。

　　使用智能对象处理图像是一种无损处理文件的有效方式，可以保障图像质量。栅格化的图像无论缩小还是放大都会使画质受损，多次变换图像最终会导致图像模糊。但是在处理图像前将图像转换为智能对象，即使对图像多次进行缩放等变形处理，仍然可以保证图像的质量与原始图像的质量一致。

2. 转换为智能对象

　　将图像直接置入某个文件，该图像则被默认保存为智能对象。

　　若想让普通图层转换为智能对象，则需在该图层上右击，在弹出的快捷菜单中选择"转换为智能对象"命令即可，如图 4-13 所示。

图 4-13 转换为智能对象

4.2 图层样式

笔记

知 识 脉 络

本节将学习 Photoshop 的图层样式，它是 Photoshop 中非常重要的一个功能。它能够增强图像的视觉效果和可编辑性，提高工作效率，实现复杂的效果。

知 识 学 习

4.2.1 图层样式及应用场景

图层样式也称图层效果，它可以为图层中的图像添加投影、发光、浮雕、描边等效果，创建具有真实质感的水晶、玻璃、金属和纹理特效，也可以用于设计制作图标的拟物效果，如图 4-14 所示。使用图层样式对图层添加效果不会破坏原图像，当图层样式被隐藏和删除后，图像将恢复原始效果。

图 4–14 使用图层样式制作图标的拟物效果

4.2.2 创建图层样式

1. 图层样式的创建与复制

1）创建图层样式

创建图层样式有 3 种常见方式。一是选中某个图层后，选择"图层"→"图

笔记

层样式"命令，在弹出的下拉菜单中选择所需效果即可。二是选择图层后，单击图层面板底部的"单击添加图层样式"按钮，在弹出的下拉菜单中选择所需效果即可。三是双击图层预览图，在弹出的"图层样式"对话框中进行设置。前两种创建方法如图 4-15 所示。

背景图层不能应用图层样式，除非将其转换为普通图层。

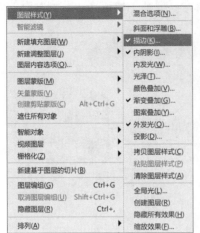

图 4-15　两种创建图层样式的方法

"图层样式"对话框的左侧是样式效果列表，中间是样式的设置，右侧是样式的预览效果，如图 4-16 所示。

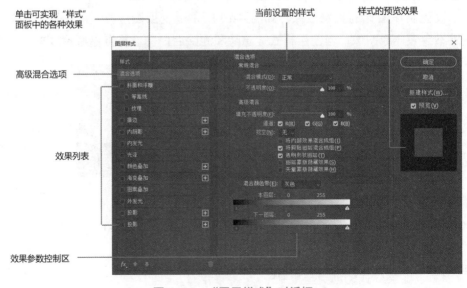

图 4-16　"图层样式"对话框

Photoshop 提供了丰富的图层样式效果，主要可分为阴影（内阴影、投影、斜面和浮雕）、发光（外发光、内发光）、着色（光泽、颜色叠加、渐变叠加）和其他（图案叠加、描边）4 种类型。添加图层样式后，图层右侧会出现一个"*fx*"图标，图层下方是具体的图层样式效果列表，该列表可折叠或展开，如图 4-17所示。

图 4-17　图层样式效果列表

2）复制图层样式

若要将已有的图层样式复制到另一图层上，则可选中已有的图层样式，按住 Alt 键并将其拖曳至需应用该样式的另一图层上。

2. 样式面板

样式面板用于存储各种图层特效，单击某种样式即可将其应用到选中的图层上。在"窗口"菜单中勾选"样式"选项，即可打开图层的样式面板，如图 4-18 所示。

图 4-18　样式面板

3. 添加图层样式

选中需要添加样式的图层，单击样式面板底部的"新建样式"按钮，即可将创建好的新样式添加到样式面板中。

Tips

　　除了 Photoshop 自带的图层样式，还可以导入其他样式文件。Photoshop 中的样式文件为 ".asl" 文件，默认存储在 "X:\Photoshop\ 预置\样式" 目录中，可以在样式面板的选项菜单中选择导入样式，将 ".asl" 文件导入，如图 4-19 所示。

图 4-19　可导入的样式文件

4. 图层样式效果

1）投影效果

投影效果是通过设置角度来模仿光照效果的，可为图形添加阴影，使其产生立体效果，如图 4-20 图所示。

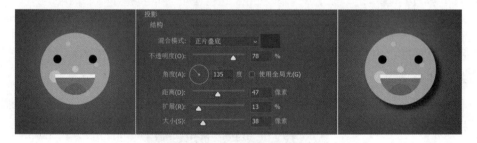

图 4-20　投影效果

通过对投影选项组中的参数进行设置，可以得到不同的投影效果。

"混合模式"：用于设置图层样式中当前图层与下方图层的混合方式。

"不透明度"：用于设置样式的透明度。

"角度"：用于设置光照角度和投影的方向。

"距离"：用于设置投影偏移的距离。

"扩展"：其数值的调整可以使边界在模糊和硬朗之间转换。

"大小"：用于设置虚化的程度。

"使用全局光"复选框：勾选该复选框后，可以使图层样式的所有效果都保持一致的光照角度。

笔记

2）内阴影效果

内阴影效果是在图像边缘的内部添加投影，是作用在图像内部的，如图 4-21 所示。

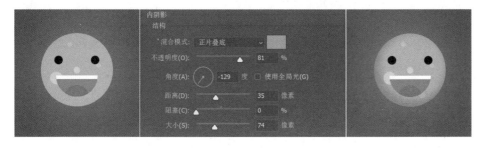

图 4-21　内阴影效果

3）外发光效果

外发光效果是沿图像轮廓向外均匀发光的，如图 4-22 所示。

图 4-22　外发光效果

4）内发光效果

内发光效果是沿图像轮廓向内均匀发光的，如图 4-23 所示。

图 4-23　内发光效果

5）描边效果

描边效果是沿图像边缘添加一条线，如图 4-24 所示。

图 4-24　描边效果

6）斜面和浮雕效果

斜面和浮雕效果是通过对图像添加高光和阴影使其显示出一种立体效果。等高线可以改变浮雕的凹凸程度，纹理可以为应用了浮雕效果的图像贴上不同的纹理，如图 4-25 所示。

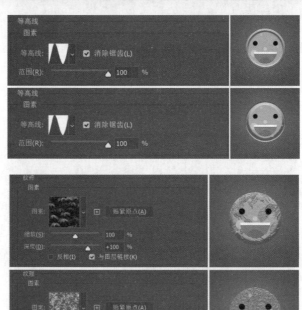

图 4-25　斜面和浮雕效果

【即时练习】拟物图标绘制

应用图层样式效果,分别绘制凹陷和凸起的拟物图标,参考效果如图4-26所示。

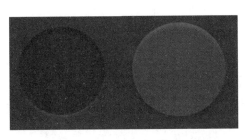

图 4-26 凹陷和凸起的拟物图标

结合真实世界的显示效果,凹陷物体自身的颜色会比环境色暗,且凹陷处内部的上方会有阴影,凹陷处下方外围会有照射的高光。反映在绘制的圆形图标上,即图标自身的固有色应该比背景色暗,内部上方有阴影,外部下方有高光,阴影和高光分别使用"正片叠底"和"滤色"来模拟。凸出物体的固有色比环境色亮,所以需要在上方添加内部高光,在下方添加外部投影。

应用图层样式效果绘制凹陷和凸起图标的参考步骤如下。

第一步,绘制基础形状。新建一个大小为 600 像素 ×400 像素的画布,填充深色背景,并绘制两个 200 像素 ×200 像素的正圆形。背景色参考值为"H":200 度、"S":70%、"B":35%。

第二步,为凹陷图标填充固有色。凹陷图标的固有色比背景色暗,所以填充的颜色应比背景色的饱和度和亮度都低一些,并选择无描边效果,如图 4-27 所示。

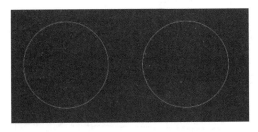

图 4-27 为凹陷图标填充固有色

第三步,为凹陷图标添加内部效果。

(1)首先添加内阴影,双击凹陷图标图层,打开"图层样式"对话框,勾选"内阴影"复选框。设置"混合模式"为"正片底叠",颜色吸取固有色或比固有色更深的颜色,设置后将呈现深色效果。

(2)继续调整"距离""大小"等参数,以此分别调整内阴影的长度和羽化程度，优化凹陷效果。参数参考值为"距离"：18 像素，"大小"：11 像素，如图 4-28 所示。

（3）"等高线"可控制阴影的形状，将"等高线"向下拉，会让影子收窄，可以更好地模拟"轻拟物"的效果。参数参考值为"输入"：66%，"输出"：33%，"不透明度"：100%。

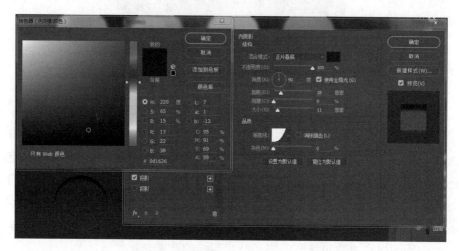

图 4-28　凹陷图标内阴影效果设置参考

第四步，为凹陷图标添加外部效果。

（1）勾选"投影"复选框，设置"混合模式"为"正常"，并提高混合颜色亮度，设置投影参数。参数参考值为"距离"：6 像素，"大小"：7 像素，"不透明度"：30%，如图 4-29 所示。

（2）通过"等高线"调整阴影形状，营造图标下方的外部高光效果，参考数值为"输入"：66%，"输出"：33%。

图 4-29　凹陷图标投影效果设置参考

笔记

第五步，为凸起图标添加内部效果。

（1）由于凸起图标的固有色比背景色浅，所以需要将其固有色调亮。

（2）复制凹陷图层的图层样式，将"内阴影"改为"高光"，"混合模式"改为"滤色"，使其变亮。调整"距离"、"大小"和"等高线"等参数，参数参考值为"距离"：11 像素，"大小"：13 像素，如图 4-30 所示。

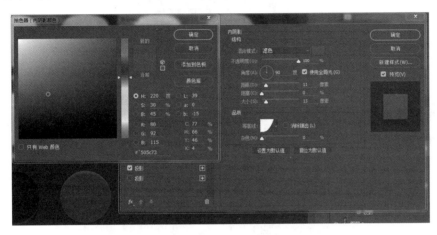

图 4-30　凸起图标内部高光设置参考

第六步，为凸起图标添加外部效果。

勾选"投影"复选框，并在"投影"选项组中设置合理参数，如图 4-31 所示。参数参考值为"不透明度"：100%，"距离"：15 像素，"大小"：10 像素。

图 4-31　凸起图标外部下方投影设置参考

【即时练习】轻拟物图标的绘制

绘制手机上使用的图标和绘制插画的原理是类似的，要先绘制形状，再

笔记

填充颜色，最后添加光影效果，如图 4-32 所示。不过在绘制形状时，更多的是使用形状之间的布尔运算。

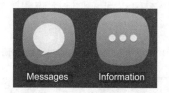

图 4-32　绘制手机图标

第一步，绘制图标外部轮廓。使用形状工具绘制一个 200 像素 ×200 像素的正圆形，使用"自由变换"（Ctrl+T）命令，并在形状工具选项栏中将"变形"设置为"鱼眼"，可将正圆形变为一个介于圆角矩形和正圆形之间的超椭圆，如图 4-33 所示。

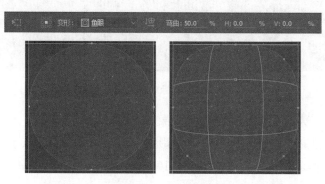

图 4-33　超椭圆

第二步，填充固有色。在"图层样式"对话框中勾选"渐变叠加"复选框，填充固有色，如图 4-34 所示。

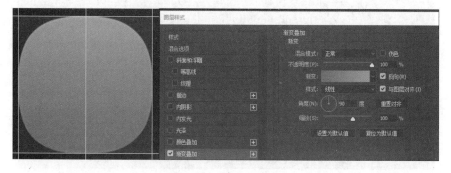

图 4-34　填充固有色

第三步，添加光影效果。

（1）在图标内部上方使用"内阴影"效果添加高光，在图标外部下方使用"投影"效果，如图 4-35 所示。

笔记

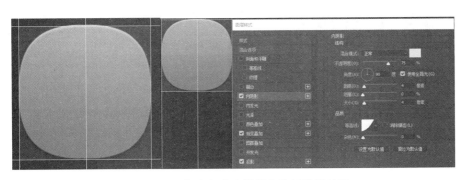

图 4-35　添加内部高光效果和外部投影效果

（2）在图标内部下方使用"内阴影"效果添加反光，这样可以使图标更立体、轮廓更清晰、效果更真实，如图 4-36 所示。

Tips

因为图标的简洁性要求，所以在本例中可以不制作反光，若要制作反光，则可以使用"内阴影"效果来实现。

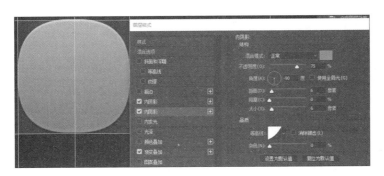

图 4-36　添加内部反光效果

第四步，绘制图标中心内容。通过绘制造型、填色、添加光影效果，制作中心内容，最后得到一个轻拟物图标，如图 4-37 所示。

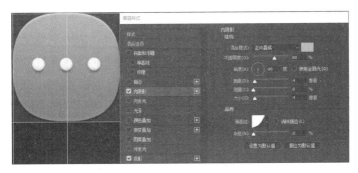

图 4-37　绘制图标中心内容

笔记

4.3 图层混合模式

知识脉络

本节将学习 Photoshop 的图层混合模式，它可以帮助我们合成图像、制作选区和创建图层样式。通过选择不同的混合模式，可以得到不同的视觉效果，提高工作效率。

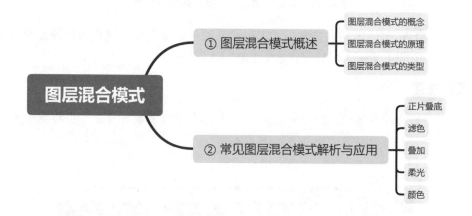

知识学习

4.3.1 图层混合模式概述

1. 图层混合模式的概念

图层混合模式是指相邻两个或多个图层之间，通过正片叠底、滤色、叠加等不同的混合模式使多个图层相互融合，形成不同的视觉效果。

2. 图层混合模式的原理

在图层混合模式中，位于下方的图层称为基色层，位于上方的图层称为混合层，在设置某一种混合模式后，会对基色层和混合层中每个像素的颜色进行计算，之后将计算结果作为新颜色应用，得到最终的混合效果。不同的混合模式有不同的计算方法，得到的混合效果也各不相同。

也可以将混合模式看作投影。我们可以想象在一个房间中放置了一台投影仪，投影仪投出一束白光到墙面上，此时投到墙面上的光是白色的。当我们在投影仪前放置了一个透明的红色塑料板，此时投到墙面上的光就变成了红色。在这个案例中，墙面本身是白色的，相当于基色，红色塑料板就是混合色，投到墙面上的红光就是结果色。若将透明塑料板换为绿色，则投在墙面上的光就变成了绿色。混合模式最终呈现什么效果和基色的颜色有关，也和混合色的颜色有关。

3．图层混合模式的类型

Photoshop 提供了 27 种图层混合模式，这些混合模式又分为六大类，如图 4-38 所示。

第一类是"正常"模式，包括正常和溶解，需要降低图层的不透明度才能产生效果。

第二类是"加深"模式，包括变暗、正片叠底、颜色加深、线性加深和深色，使用时图像中的白色将被较暗的颜色替代，是将图像变暗时常用的模式。

第三类是"减淡"模式，包括变亮、滤色、颜色减淡、线性减淡和浅色，使用时图像中的黑色将被较亮的颜色替代，是将图像变亮时常用的模式。

第四类是"对比"模式，包括叠加、柔光、强光、亮光、线性光、点光和实色混合，常用于增强图像的对比。

第五类是"色异"模式，包括差值、排除、减去和划分，通过图层之间的比较形成一种反差的效果。

第六类是"颜色"模式，包括色相、饱和度、颜色和明度，根据色彩中的色相、饱和度、明度等属性对图像进行混合。

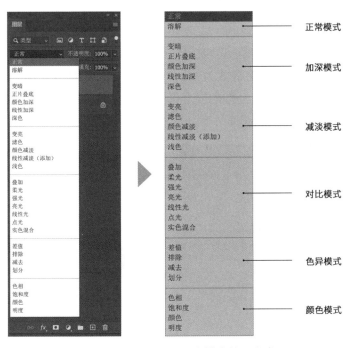

图 4-38　图层混合模式的六大类

4.3.2 常见图层混合模式解析与应用

1. 正片叠底

正片叠底的概念源自传统摄影行业，因为将两张显示实际颜色的正片叠在一起，得到的图像密度等于两张正片的图像密度的乘积，所以透光率降低，图像变暗。任何颜色和黑色使用"正片叠底"混合模式得到的仍然是黑色，任何颜色和白色使用"正片叠底"混合模式得到的仍然是原来的颜色，除白色以外的任何颜色使用"正片叠底"混合模式都会让基色变暗，如图4-39所示。

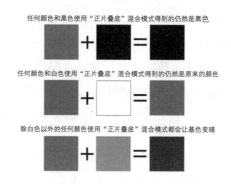

图4-39　"正片叠底"混合模式的颜色叠加效果

"正片叠底"混合模式的应用场景有很多，如制作阴影、增强光比、免抠图去底等。

1）制作阴影

使用"正片叠底"混合模式可以制作阴影。新建图层后，在大象腿部涂抹深色，并设置该图层的混合模式为"正片叠底"，可以模拟大象腿部的阴影，同时将大象投射在草地上的投影的混合模式设置为"正片叠底"，可以让投影与草地更好地融合，增强画面质感，如图4-40所示。

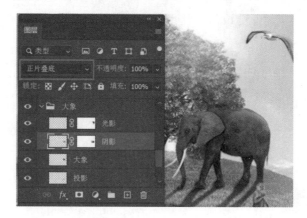

图4-40　使用"正片叠底"混合模式制作阴影

笔记

2）增强光比

光比是摄影中重要的参数之一，指在照明环境下被摄物体暗面与亮面的
受光比例。光比对图像的反差控制有重要意义。我们
可以观察到左侧原图的光比较为均衡，不能形成较好
的反差。此时，可以复制一个图层，并设置该图层的
混合模式为"正片叠底"，得到比原图反差更大的光
比，如图 4-41 所示。

图 4-41　使用"正片叠底"混合模式调整光比

3）免抠图去底

将一张白底的图片置入米黄色的背景上，使用"正片叠底"混合模式，
图像和背景就会自然地融合在一起，如图 4-42 所示。对于这种白底或浅色
底的图像，可以使用"正片叠底"混合模式实现快速一键抠图，省去大量抠
图的工作量。

图 4-42　使用"正片叠底"混合模式抠图

2．滤色

滤色得到的颜色都比较浅。任何颜色和黑色使用"滤色"混合模式得到
的仍是原来的颜色；任何颜色和白色使用"滤色"混合模式得到的仍是白色；
与其他颜色使用"滤色"混合模式会产生漂白的效果，如图 4-43 所示。

✎ 笔记

任何颜色和黑色使用"滤色"混合模式得到的仍是原来的颜色

任何颜色和白色使用"滤色"混合模式得到的仍是白色

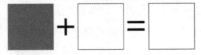

与其他颜色使用"滤色"混合模式会产生漂白的效果

图 4-43　"滤色"混合模式的颜色叠加

1）免抠图去底

在合成光束、水花、烟雾等半透明素材时，背景大多数都是黑色的，可以将图层混合模式设置为"滤色"，这样就可以过滤掉素材中的黑色，实现免抠图去底，如图 4-44 所示。

图 4-44　使用"滤色"混合模式免抠图去底

笔记

2）柔和光线

若要营造阳光铺满画面的暖色效果，则可以新建一个图层，在新图层上使用画笔工具铺满橙色，并将图层混合模式设置为"滤色"，让暖光与画面的融合边缘更柔和，同时可以配合蒙版修改暖光辐射的区域，如图4-45所示。

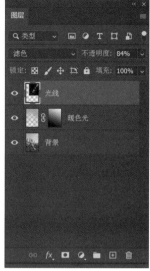

图4-45 使用"滤色"混合模式制作柔和光线

3. 叠加

使用"叠加"混合模式发生变化的是中间色调，高光和暗部保持不变，光感效果极佳。具体来讲，就是亮度<50%的区域将采用"正片叠底"混合模式变暗，亮度>50%的区域将采用"滤色"混合模式变亮，基本可以将"叠加"视为"正片叠底"和"滤色"的组合模式，常用于照片后期处理。例如，在左侧原图的基础上，通过"正片叠底"混合模式压暗日出前的天空，新增设置为"叠加"混合模式的橙色图层，突出霞光的色彩，如图4-46所示。

图4-46 "叠加"混合模式效果对比

4. 柔光

使用"柔光"混合模式不会影响太多画面的明暗细节，颜色和对比度也

笔记

相对柔和。

根据混合色的明暗程度来决定最终色是变亮还是变暗。当混合色比中性灰（即明度为 50% 的灰）要亮时，底色图像变亮；当混合色比中性灰要暗时，底色图像变暗；若混合色含有纯黑色或纯白色，则结果色不是黑色或白色，而是稍微变暗或变亮。

例如，在当前照片中，通过"柔光"混合模式可以在保持高光区域明度不变的情况下，稍稍压暗梯田，实现主体画面"去雾"的效果，如图 4-47 所示。

图 4-47　"柔光"混合模式效果对比

5. 颜色

"颜色"混合模式不会影响画面亮度，只会对颜色进行改变，也可以统一背景杂乱的颜色。在图像上新建一个图层并填充单色，设置混合模式为"颜色"就可以为画面叠加一层色彩，传递不同的情感，如图 4-48 所示。此外，当画面中出现了一系列不同色彩的图片时，也可以通过叠加相同的颜色来统一视觉效果，还可以通过叠加不同的颜色来区分关系。当图片的清晰度没有达到要求时，可以通过着色规避这个缺点。

图 4-48　使用"颜色"混合模式为图像着色

图 4-48　使用"颜色"混合模式为图像着色（续）

环节四　设计执行

📖 设计贴士

跨界创新

跨界思维和创新融合是当今设计界的重要主题。设计师不仅需要具备传统的设计技能，还需要拥有创新思维，跨越不同的领域，融合不同的文化和思维，为设计带来新的可能性。

以下是一些可以帮助设计师培养跨界思维和创新融合能力的建议。

1. 保持好奇心

设计师应该对不同的领域和文化保持好奇心，不断拓展自己的知识面。通过阅读、旅行、观察和体验，设计师可以获得更多的灵感和创意。

2. 打破界限

设计师不应该被传统的设计思维所限制，应该尝试跨越不同的领域和学科，将不同的元素和思考方式融入设计中。例如，将科技和艺术相结合，将心理学和设计相结合等。

3. 培养多元文化意识

设计师应该具备多元文化意识，了解不同文化背景下的设计理念和设计元素，从而更好地融合不同的文化元素，创造出更加丰富多样的设计作品。

4. 不断尝试新的设计方法和技术

设计师应该不断尝试新的设计方法和技术，提高自己的设计能力和创意水平。例如，使用虚拟现实技术、增强现实技术等新兴技术，创造出更加具有互动效果和沉浸体验的设计作品。

5. 与不同领域的人合作

设计师可以尝试与不同领域的人合作，如工程师、科学家、艺术家、心理学家等，以获得更多的创意和灵感。通过交流与合作，设计师可以更好地掌握不同领域的知识和思维方式，从而更好地实现创新融合。

总之，跨界思维和创新融合是设计师必备的素质之一。通过不断拓展自己的知识面、尝试新的设计方法和技术、与不同领域的人合作，设计师可以创造出更加独特且具有创意的作品。

📖 任务实施

一切准备就绪后，就可以制作宣传单了。在制作前，建议学生先梳理制作的主要流程。具体的制作流程请扫描二维码查看。

环节五 评估总结

📖 测试评估

一、单选题

1. 在下面的图层面板中，有（ ）类型的图层。

A. 图层组　　B. 普通图层　C. 背景图层　D. 文字图层

E．形状图层　　　　　　　　F．调整图层

　　G．以上都有

笔记

2．通过"图层"命令新建图层，在弹出的"新建图层"对话框中将"颜色"设置为红色，其效果是（　　　）。

　　A．该图层将被填充为红色　　　B．该图层将被标记为红色

　　C．该图层将被隐藏　　　　　　D．该图层将被锁定

3．复制新建图层的快捷键是（　　　）。

　　A．Ctrl+I　　　B．Ctrl+C　　　C．Ctrl+J　　　D．Ctrl+N

　　E．Ctrl+V

4．选择非连续的多个图层，要配合快捷键（　　　）使用。

　　A．Alt　　　　　B．Shift　　　C．Shift+Ctrl　　D．Ctrl

5．选择连续的多个图层，要配合快捷键（　　　）使用。

　　A．Alt　　　　　B．Shift　　　C．Shift+Ctrl　　D．Ctrl

6．隐藏除选定图层外的其他所有图层，要配合快捷键（　　　）使用。

　　A．Alt　　　　　　　　　　　B．Shift

　　C．Shift+Ctrl　　　　　　　　D．Ctrl

7．关于混合模式，以下描述正确的是（　　　）。

　　A．在"正常"模式下，当前图层的"不透明度"为100%时，会将下层图层中的图像完全遮盖。通过调整"不透明度"可以将下层图层中的图像不同程度地显示出来

　　B．在"变暗"模式下，当前图层中较亮部分图像的像素将会被下方图层中较暗部分的像素取代，也就是取较暗的像素作为结果色

　　C．"正片叠底"混合模式是比较常用且重要的模式之一，它的模式效果和"变暗"模式的效果相似，但是"正片叠底"混合模式比"变暗"模式的最终颜色效果更暗。"正片叠底"混合模式的效果就像是模拟印刷时的油墨一层一层叠加上去，可以看到颜色逐渐变暗，直至变成黑色，多用于阴影

　　D．"滤色"混合模式与"正片叠底"混合模式的效果相反，"滤色"混合模式也是比较常用和重要的模式，它的效果就像是模拟灯光打在图像上，多用于高光

　　E．在"柔光"混合模式下，图层变换的效果取决于当前图层的明暗程度，当前图层较亮则最终效果变亮，当前图层较暗则最终效果变暗

　　F．以上皆对

笔记

8．现要制作一个 Banner，有水花和甜椒两个素材，最终效果如下图所示。要将水花抠出并合成在红色甜椒的背景上，最快捷、最有效的合成方法是（　　）。

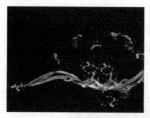

A．使用魔棒工具对水花进行抠图。不断使用魔棒工具单击水花，将水花图层抠出，随后将其置于背景素材上

B．使用蒙版工具对水花进行抠图。使用黑色画笔在蒙版上涂抹，将水花抠出，随后将其置于背景素材上

C．先将水花图层置于背景素材上，再设置水花图层的混合模式为"滤色"即可实现免抠图去底

D．使用通道工具对水花抠图。进入通道，先将颜色完全调整为黑白，再使用载入选区的方式将水花抠出，随后将其置于背景素材上

二、多选题

1．下列关于图层的描述，正确的是（　　）。

A．独立保存功能：位于不同图层上的元素互不影响

B．排序功能：改变图层的叠加顺序，可以构建不同的视觉效果

C．屏蔽功能：借助图层蒙版遮盖图层中的某部分，以达到混合图像的目的

D．其他功能：不同类型的图层具有不同的功能，此外，还可以对混合模式、图层样式进行设置

2．下列关于复制图层的描述，正确的是（　　）。

A．将要复制的图层拖曳到"创建新图层"按钮上，可在同一文件中复制图层

B．按住 Alt 键，拖曳要复制的图层到目标位置，可在同一文件中复

制图层

C. 将一个图像拖曳到另外一个文件窗口的图像上，可在不同文件之间复制图层

D. 右击图层，选择"复制图层"命令，在弹出的对话框中选择要将图层复制到的文件，在不同文件之间复制图层

E. 快捷键 Ctrl+J 可以复制当前图层或选区，并将复制内容创建为新图层

F. Photoshop 不支持在多个文件之间复制图层

3. 在图层面板中，常见的锁定属性有（　　　）。

A. 锁定透明像素　　　　　　B. 锁定图像像素

C. 锁定位置　　　　　　　　D. 锁定全部

4. 下列关于 DM 单的描述，正确的是（　　　）。

A. DM 单具有不同的类型和表现形式，如单页、折页等

B. DM 单适用于近视类宣传，信息含量较大

C. 用于印刷的 DM 单，分辨率通常设置为 300ppi，出血通常设置为 3mm

D. DM 单是"direct mail advertising"的缩写，意为"直接邮寄广告"

三、判断题

1. 混合模式必须有两个或多个图层才能出现混合效果。（　　　）

2. 想要选择图层，需要在图层面板上将其选中；若希望在中间操作区单击某对象时，则可以直接选中该对象所在的图层或图层组，在使用选择工具的情况下，勾选选择工具选项栏中的"自动选择图层"复选框。（　　　）

3. 载入选区即快速选择图层中的非透明区域。（　　　）

4. 按住 Ctrl 键，单击某图层（或通道）的名称区域，即可实现载入选区操作。（　　　）

5. 按住 Ctrl 键，单击某图层（或通道）的缩略图，即可实现图层重命名操作。（　　　）

6. 合并图层可以减少图层数量，减小文件体积，便于作图。合并图层的快捷键为 Ctrl+E。（　　　）

7. 智能对象可以保留图像的原始内容和原始特性，防止用户对图层进行破坏性编辑。（　　　）

8. 盖印图层是将图层面板中当前所有的可见图层按照最终显示效果合并，并将其创建为一个新图层，原有的所有图层均不受影响。盖印图层的快捷键为 Ctrl+Shift+E。（　　　）

笔记

📖 自我评定

项目	自评分				
	1 分 很糟	2 分 较弱	3 分 还行	4 分 不错	5 分 很棒
能区分各种图层类型					
能区分各种图层样式					
理解各图层混合模式之间的区别					
理解图层混合模式的原理					
能区分多个图层的连续选择和非连续选择					
了解图层组和智能对象的设置					
对本章快捷键的掌握情况					
对创作思路的理解					
能基于客户需求，发散思维，解决问题					
自我评定					

序号：　　　　　　　姓名：　　　　　　　填写日期：　　　年　　月　　日

✐ 笔记

环节六　拓展练习

拓展练习的参考效果如图 4-49 和图 4-50 所示，设计要求、设计思路与实施流程请扫描二维码查看。

📖 拓展练习 1　健身房 DM 宣传单设计

图 4-49　健身房 DM 宣传单设计

📖 拓展练习 2　星毛球风格打造

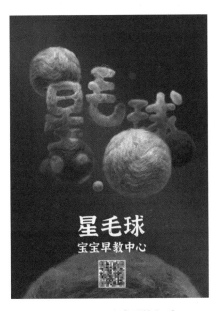

图 4-50　星毛球风格打造

情境二 图像后期处理与合成

Photoshop 在图像后期处理与合成领域也被广泛应用。例如，在摄影行业中，图像后期处理与合成可以帮助摄影师提高照片的质量，制作出更具吸引力的作品；在广告行业中，图像后期处理与合成可以用于制作各种形式的广告，如海报、宣传画等；在社交媒体领域中，图像后期处理与合成可以帮助用户将照片修饰得更加美观，以吸引更多人的关注，提高作品的点赞量。

在"图像后期处理与合成"情境中，一共有 4 个任务，分别是公益广告设计、照片后期处理、幻境创意设计和产品手提袋设计。在完成这些任务的过程中，学习图层蒙版、调色、滤镜及通道的基础知识，各类工具或命令的使用方法和技巧。

本情境的具体任务与要求如下所示。

任务 序号	工作 任务	软件 技能	参考 学时	知识要求	职业能力要求	任务内容
任务五	公益广告 设计	图层蒙版	6	1. 了解图像后期处理与合成的常见需求。 2. 了解包装设计的常见需求。 3. 掌握调色和图像合成的基本概念与原理。 4. 掌握包装设计的基础知识。 5. 熟练掌握通道、滤镜等工具的基本概念和应用场景	1. 具备获取、处理和综合分析信息的能力。 2. 具备熟练使用文字、路径、通道、滤镜、调色工具或命令进行操作的能力。 3. 具备根据客户需求完成图像后期处理与合成的能力	1. 图像后期处理与合成的常见需求。 2. 调色和图像合成的基本概念与原理。 3. 包装设计的常见需求。 4. 包装设计的基础知识。 5. 创意广告、任务写真、意境照片和手提袋的设计。 6. 通道、滤镜等工具的基本概念和应用场景
任务六	照片后期 处理	调色	8			
任务七	幻境创意 设计	滤镜	6			
任务八	产品手提袋 设计	通道	6			

本情境各任务的概述和效果图如下所示。

任务五　公益广告设计

任务概述：
　　设计一款线上英文公益讲座海报，同时学习并掌握 Photoshop 中图层蒙版的使用。在完成任务的过程中，学习蒙版的原理与使用及操控变形等工具或方法进行图像合成的相关知识和技能

拓展练习

拓展练习 1：场景合成海报

拓展练习 2：公益海报设计

任务六 照片后期处理

任务概述：

为某村镇进行一批照片的后期处理，同时学习并掌握 Photoshop 调色工具与命令的使用方法。在完成任务的过程中，学习色阶、曲线、ACR 调色等常见的调色工具和命令的使用方法与技巧

拓展练习

拓展练习 1：复杂情况的抠像

拓展练习 2：人像磨皮与精修

任务七 幻境创意设计

任务概述：

为客户设计一幅航天类的创意主视觉图，同时学习并掌握 Photoshop 滤镜的使用方法。在完成任务的过程中，学习滤镜的概念与种类，模糊、锐化、液化等常见滤镜的效果与应用场景，滤镜的应用思路、方法与技巧，以及滤镜工具的安装

拓展练习	
拓展练习 1：微观场景合成	拓展练习 2：玄幻主题合成
	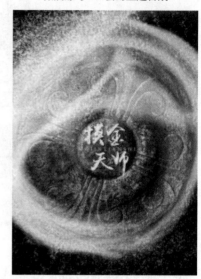

任务八　产品手提袋设计

任务概述：

为客户设计一款产品手提袋，同时学习并掌握 Photoshop 通道的概念与应用。在完成任务的过程中，学习手提袋的结构图设计与绘制方法、通道的概念与类型，以及使用通道调色和抠图的思路、方法与技巧

拓展练习	
拓展练习 1：月饼盒包装设计	拓展练习 2：耳机盒包装设计

任务五 公益广告设计

环节一 任务描述

本任务主要使用 Photoshop 的蒙版工具，根据客户需求，完成公益广告设计。

本任务的目标如下所示。

任务名称	公益广告设计	建议学时	6
任务准备	Photoshop、思维导图软件、签字笔、铅笔		
目标类型	任务目标		
知识目标	1. 掌握公益广告的设计流程		
	2. 掌握蒙版的原理		
	3. 掌握操控变形命令的应用		
能力目标	1. 具备运用蒙版制作特殊创意图像的能力		
	2. 具备较好的图像合成与公益广告设计的能力		
职业素养目标	1. 具有设计规范意识与创新精神		
	2. 具有坚守专注、谦恭敏锐和创新笃行的工匠品格		
	3. 具有主动思考与主动学习的意识		

任务资讯

任务演示

任务实施

📖 任务情景

某公益组织准备举办一场线上英文公益讲座，呼吁大家善待动物，需要设计一款创意公益海报，用于前期的线上宣传。本次讲座采用英文宣传语，要求体现"善待动物"的关键主题，具有独特的创意和较强的视觉冲击力。为方便在电子设备上查看海报，所选图像要清晰，作品高度不超过1000像素，参考效果如图 5-1 所示。

笔记

图 5-1　参考效果

📖 文件规范

文件的规范类型及规范参数如表 5-1 所示。

表 5-1　文件的规范类型及规范参数

规范类型	规范参数
文件格式	*.jpg
文件尺寸	750 像素 ×1000 像素
文件分辨率	72 像素 / 英寸
颜色模式	RGB
文件大小（储存空间）	＜ 10MB

环节二　任务启动

本任务分为任务实施前、任务实施中、任务实施后 3 个环节，如图 5-2 所示。

任务实施前，要从全局出发对任务进行分析并制订计划，提出决策方案。

第一步，分析任务。对任务进行需求分析，将客户提出的需求分解为具体的子任务；运用调查法或观察法进一步分析，明确任务目标；从专业设计师的角度进行创意分析，明确任务的定位与侧重点；预估在任务实施过程中所需的知识与技能。

第二步，制订计划。将各项任务进一步具体化，揭示任务中的要素、关系及要求。例如，根据任务目标确认文件规格，规划时间进度，描述设计风格与场景，最终形成一份完整的实施计划。

第三步，决策方案。根据任务计划制定任务实施流程，绘制创意草图。

任务实施时，首先要学习相关的知识与技能，确保自身具备独立完成本任务的知识基础和技术技能，然后按流程独立完成作品的设计与制作，并对细节进行打磨。

任务完成后，还需要对作品成果进行评估，查看其是否符合客户需求；最后进行复盘讨论，总结项目经验。建议对拓展项目进行练习，进一步检验自身对基础知识的掌握程度，以及对技能的迁移和创新能力。

任务实施前
01 资讯	任务需求分析	任务分解	调查与观察	创意分析	技能预估
02 计划	确认文件规格	规划时间进度	描述风格与场景	形成完整计划
03 决策	制定任务实施流程	绘制创意草图

任务实施中
| 04 实施 | 学习知识与技能 | 独立实施 | 细节打磨 |

任务实施后
| 05 评价 | 展示成果 | 学习评价 | 优化完善 |
| 06 拓展 | 总结项目经验 | 拓展项目练习 |

图 5-2　任务环节

📖 任务分析

本任务要设计制作一张英文公益海报，要求体现"善待动物"的关键主题，具有独特的创意和较强的视觉冲击力。

请根据以上要求进行任务分析，分析内容包括但不限于如下几个方面。

（1）任务描述与分解：对本任务做简要描述，明确任务目标与侧重点，并将任务分解为多个子任务。

（2）创意分析：从创新角度提出本任务的设计创意或独特想法，如独特

笔记

的画面元素、新颖的表现手法等。

（3）技能预估：对本任务进行技能预估，明确完成本任务可能会使用的工具与命令、方法与技巧，如抠图、调色、图像融合的方法与技巧等。

（4）调查与观察：结合任务描述、创意分析和技能预估，提出要完成本任务可能存在的问题。

（5）制订任务计划：明确任务文件规格与时间进度安排，根据应用场景明确设计风格及其他要求。

（6）制定任务流程：根据任务计划制定任务流程，绘制任务草图。

请将以上分析内容按类型和要求填写在后面的"公益广告设计任务分析"、"公益广告设计任务计划"和"公益广告设计任务流程图与草图"表格中。

公益广告设计任务分析如表 5-2 所示。

表 5–2　公益广告设计任务分析

任务描述		
任务分解	子任务 1	
	子任务 2	
	子任务 3	
	子任务 4	
	子任务 5	
创意分析		
技能预估		
调查与观察	问题 1	
	问题 2	
	问题 3	
	其他观察	

序号：　　　　　姓名：　　　　　填写日期：　　　年　　月　　日

任务计划

公益广告设计任务计划如表 5-3 所示。

表 5–3 公益广告设计任务计划

文件规格	宽度（单位: ）	高度（单位: ）	分辨率
时间进度	事项		时间（单位: ）
应用场景			
设计风格			
其他要求			

序号: 姓名: 填写日期: 年 月 日

笔记

📖 任务流程

公益广告设计任务流程图与草图如表 5-4 所示。

表 5-4　公益广告设计任务流程图与草图

要求：将任务按照实施步骤或以思维导图的方式拆分为多个流程节点

序号：　　　　　　　姓名：　　　　　　　填写日期：　　　年　　月　　日

环节三 知识笔记

笔记

5.1 图层蒙版

知识脉络

本节将学习 Photoshop 的图层蒙版，图层蒙版在 Photoshop 中具有非常重要的作用，它是一种特殊的选区，与常规的选区不同的是，图层蒙版不是对选区进行操作，而是保护选区。同时，不处于图层蒙版范围内的位置允许被编辑与处理。图层蒙版隔离并保护图像的特定区域，以便我们对图像的其他部分进行编辑操作，如调整颜色、应用滤镜等。这样可以在不破坏原始图像的基础上实现特殊的图层叠加效果。此外，图层蒙版还可以隐藏或显示图像中的特定区域，或者将不同图层中的像素混合在一起，以创建各种不同的显示效果。总之，图层蒙版是一种非常有用的工具，可以帮助我们更有效地编辑和处理图像。

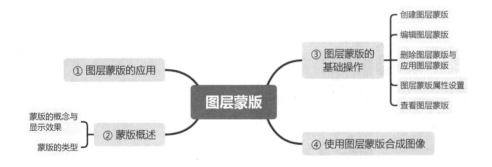

知识学习

5.1.1 图层蒙版的应用

在摄影中，多重曝光是一种独树一帜的摄影手法，使用不同焦距分两次或多次曝光来表现照片的内容。在 Photoshop 中只需要使用图层蒙版对图片素材的显示范围进行控制，并调整图层的显示效果，即可得到多重曝光的艺术效果，如图 5-3 所示。

笔记

世界地球日

图 5-3　多重曝光的艺术效果

也可以使用多张图片素材进行图像合成，以实现独特的创意，这是在进行海报设计时常见的技巧，如图 5-4 所示。

图 5-4　图像合成效果

还可以对图片素材进行抠图，例如，冰块、玻璃、塑料、婚纱、火焰等半透明物体，如图 5-5 所示。

笔记

图 5-5　半透明物体的抠图效果

5.1.2　蒙版概述

1. 蒙版的概念与显示效果

　　蒙版是一种具有透明特性的灰度图像，通过将不同的灰度值转换为透明度并作用于图像所在图层，使对应区域内图层的透明度发生变化，实现将该区域内的图像遮盖或显示的效果。

　　图层蒙版中只存在黑色、白色，以及不同灰度值的灰色。对比图层蒙版缩略图与图像显示的实际效果可以看出，图层蒙版中的黑色区域会隐藏对应部分的图层图像，白色区域会显示对应部分的图层图像，灰色区域则会使图层图像呈现出半隐半显的效果，如图 5-6 所示。

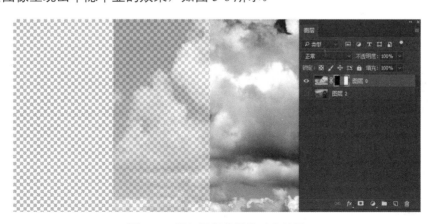

图 5-6　添加图层蒙版的对比效果

2. 蒙版的类型

　　蒙版是 Photoshop 中的重要工具之一，有图层蒙版、剪贴蒙版、矢量蒙版、

笔记

快速蒙版等类型。图层蒙版最为常用，这类蒙版建立在图层上，通过灰度值控制图层上像素的显示与隐藏，且不破坏原图像。

5.1.3　图层蒙版的基础操作

1. 创建图层蒙版

打开图片素材后，选中将要创建图层蒙版的图层，单击图层面板中的"添加图层蒙版"按钮即可创建图层蒙版，如图 5-7 所示。

图 5-7　创建图层蒙版

2. 编辑图层蒙版

在编辑图层蒙版时，应先单击图层蒙版将其选中，随后在蒙版缩略图的周围将出现一个边框，此时即可对其进行编辑。编辑图层蒙版的工具和命令有很多，如画笔工具、渐变工具，以及"色阶"命令等。使用画笔工具编辑图层蒙版，如图 5-8 所示。

图 5-8　使用画笔工具编辑图层蒙版

笔记

　　画笔工具是最常用的一种图层蒙版编辑工具，能够配合图层蒙版细腻地绘制出虚实变化的边缘，有利于图像的融合。选择工具箱中的画笔工具，将前景色设置为黑色，使用图层蒙版有效地遮盖图像。

　　渐变工具也是经常用到的图层蒙版编辑工具，使用渐变工具中的线性渐变可以对图像进行均匀过渡的融合。

　　在图层面板中激活图层蒙版，选择工具箱中的渐变工具，在渐变工具选项栏中单击"线性渐变"按钮，并选择"前景色到背景色"的渐变方式。按住鼠标左键拖曳鼠标指针，在文档中创建黑白渐变，实现图像均匀过渡的融合，如图 5-9 所示。

图 5-9　使用渐变工具编辑图层蒙版

　　图层蒙版也可以通过选区创建。例如，选择工具箱中的椭圆选框工具，在图像中创建一个椭圆形选区，单击图层面板底部的"添加蒙版"按钮，即可为图层添加一个与椭圆形选区区域完全相同的图层蒙版。观察图层蒙版缩略图可以看到，选区内的图像在图层蒙版中显示为白色，选区外的图像在图层蒙版中显示为黑色，并呈现对应的遮挡效果，如图 5-10 所示。

图 5-10　使用选区工具创建并编辑图层蒙版

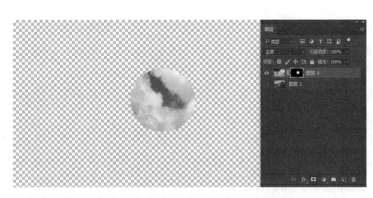

图 5-10 使用选区工具创建并编辑图层蒙版（续）

在图层蒙版上右击，在弹出的快捷菜单中选择"停用图层蒙版"命令可以暂时关闭图层蒙版，以完整显示图像内容，此时会出现一个红叉，表示图层蒙版被关闭，如图 5-11 所示。再次在图层蒙版上右击，在弹出的快捷菜单中选择"启用图层蒙版"命令，可以让图层蒙版重新实现遮挡效果。

图 5-11 停用图层蒙版

3．删除图层蒙版与应用图层蒙版

在图层蒙版上右击，在弹出的快捷菜单中选择"删除图层蒙版"命令可以删除图层蒙版，图层蒙版的遮挡效果也将随之消失。"应用图层蒙版"命令是在删除图层蒙版的同时，将图层蒙版应用到图层图像上，如图 5-12 所示。

 笔记

图 5-12　删除图层蒙版

4. 图层蒙版属性设置

在图层蒙版的属性面板中，可以调整蒙版的"密度""羽化"等参数，让蒙版呈现更丰富的效果，如图 5-13 所示。对比图层蒙版缩略图与图像显示的实际效果可以看出，在熊猫图层蒙版中，黑色区域的熊猫图像被隐藏，白色区域的熊猫图像正常显示，灰色区域的熊猫图像则半隐半显。

图 5-13　图层蒙版属性设置

笔记

5. 查看图层蒙版

若要更清晰地查看图层蒙版，则可以按住 Alt 键同时单击图层蒙版缩略图，原来的图像会被图层蒙版的黑白灰效果替换，如图 5-14 所示。

图 5-14　查看图层蒙版

5.1.4　使用图层蒙版合成图像

【即时练习 1】风景合成

我们可以观察到在院落的风景图像中，院落天空的一角缺少一些云彩，此时可以使用图层蒙版将云彩素材合成到图像中。

第一步，将云彩素材导入院落图像并调整大小。

第二步，先使用"色彩范围"命令将要使用的云彩选出来，再在云彩图层上添加图层蒙版，根据画面内容，使用带透明度的画笔工具的柔和边缘在图层蒙版上反复涂抹，让云彩融合到院落的天空中，效果如图 5-15 所示。

图 5-15　风景合成

【即时练习 2】使用图层蒙版抠出半透明的玻璃杯

我们需要将两个半透明的玻璃杯抠出，以便后期更换背景。玻璃杯是透明的物体，若直接抠出，则在更换背景后无法显示玻璃杯后方的新背景，但使用图层蒙版可以解决这个问题。

第一步，为玻璃杯新建黑色背景，使用对象选择工具将两个玻璃杯快速抠出，此时玻璃杯无法呈现半透明效果，如图 5-16 所示。

图 5-16　为玻璃杯新建黑色背景

第二步，单击玻璃杯图层，为玻璃杯图层新建图层蒙版。

第三步，按快捷键 Ctrl+A 全选图层内容，按快捷键 Ctrl+C 复制图层内容。

第四步，按住 Alt 键同时单击图层蒙版，进入图层蒙版编辑界面，按快捷键 Ctrl+V 粘贴图层蒙版，玻璃杯呈现半透明效果。若感觉玻璃杯的透明度太高，则可以再复制一个图层，对玻璃杯的显示效果适当增强，最终效果如图 5-17 所示。

图 5-17　使用图层蒙版抠出半透明的玻璃杯

> **Tips**
>
> 在图层蒙版中使用不同的灰度来表现对图层的遮挡程度，即以灰度对应物体的不透明度。因此在将图层中的玻璃杯图像复制到图层蒙版中时，玻璃杯会转换为灰度图像，并使用不同的灰度对应表现该区域内玻璃的不透明度，实现玻璃杯的半透明抠图。

图层蒙版通常与画笔、渐变、图层、选区、钢笔、混合模式等工具或命令配合使用，要结合实际情况合理设置这些工具或命令的属性，如画笔的硬度、羽化、不透明度等。在多个对象的融合处，通常使用画笔工具的柔和边缘进行多次涂抹，使图像融合得更加自然。

5.2　剪贴蒙版与快速蒙版

知 识 脉 络

本节将学习 Photoshop 的剪贴蒙版与快速蒙版。剪贴蒙版主要用于将上方图层的内容与下层图层的形状进行组合；快速蒙版主要用于快速创建和编辑选区。

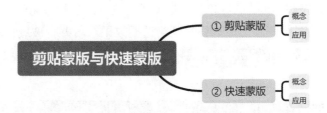

知 识 学 习

5.2.1　剪贴蒙版

1. 概念

在剪贴蒙版中，上方图层是内容层，下方图层是基底层，应用剪贴蒙版后将会以基底层的形状为边界显示内容层的内容。基于这样的效果，可以将色阶、曲线、饱和度等调整图层的属性仅应用于下方图层。

在网页设计中，经常使用剪贴蒙版在完成布局的页面中填充图像，如图 5-18 所示。图 5-18（a）是完成布局的页面，矩形色块是下方的基底层，图 5-18（b）是在矩形色块中使用剪贴蒙版填充图像的效果。

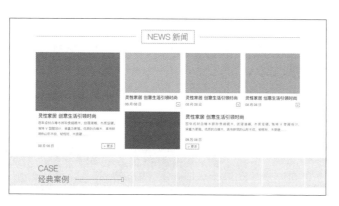

（a）完成布局的页面

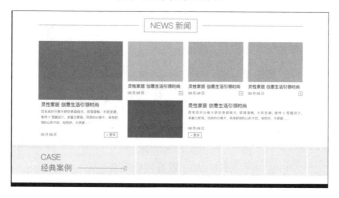

（b）使用剪贴蒙版填充图像

图 5-18　剪贴蒙版的应用

2. 应用

【即时练习】熊猫海报

制作熊猫海报的图片素材与制作完成的效果图，如图 5-19 所示。

图 5-19　图像素材与效果图

笔记

第一步，导入熊猫、墙体和天空等图片素材，使用合适的工具为熊猫创建选区，如快速选择工具。在图层面板中单击"新建蒙版"按钮，为图层添加蒙版，将熊猫抠出。

第二步，在图层面板的熊猫图层上方添加曲线调整图层，并设置合适的参数，提高熊猫亮度，如图 5-20 所示。

图 5-20　提高熊猫亮度

第三步，置入"成都"文字素材作为基底层，并在文字图层上方置入菱形格素材作为内容层，选中菱形格素材所在的内容层，按快捷键 Ctrl + Alt + G 创建剪贴蒙版，将菱形格素材剪贴到基底层，调整菱形格素材的大小至合适的尺寸，并使用图层样式适当增加投影，如图 5-21 所示。此后，进一步对画面进行细节优化，完成作品。

图 5-21　置入素材并增加投影

5.2.2　快速蒙版

1. 概念

快速蒙版又称临时蒙版，是使用各种绘图工具创建蒙版的一种高效的方法。在快速蒙版编辑结束并退出后，不被保护的区域会变为选区。

2. 应用

【即时练习】绘制画框

第一步，打开图片素材。

第二步，单击"快速蒙版"按钮（快捷键 Q），进入快速蒙版创建界面。

第三步，选择合适的画笔笔触，使用黑色画笔在图片边缘绘制画框，画笔绘制区域将显示为淡红色，代表未被选中（淡红色区域中的像素不在选区中）。使用白色画笔可去除淡红色，如图 5-22 所示。

第四步，再次单击"快速蒙版"按钮，退出快速蒙版创建界面并生成选区。

第五步，新建图层，选择合适的填充颜色，完成画框绘制，如图 5-23 所示。

图 5-22　使用画笔笔触绘制画框　　　　图 5-23　填充颜色

环节四　设计执行

📖 设计贴士

文物修复师的工匠精神

2016 年，纪录片《我在故宫修文物》荣登年度热门话题电影榜，其口碑与票房均表现卓越。该纪录片通过一组令人叹为观止的"国之匠心"海报，

笔记

笔记

将文物修复师的匠心独运展现得淋漓尽致，如图 5-24 所示。在海报中，文物修复师正专心致志地修复文物的裂缝处，从青铜器、钟表、陶瓷、木器、漆器、百宝镶嵌到织绣等宫廷珍宝的修复过程，全部传递着修复师对技艺传承的敬重与执着。通过绝佳的海报设计和制作，文物修复师的匠心生活得以鲜活呈现。

图 5-24　"国之匠心"海报

文物修复师的工匠精神，是对卓越品质的不懈坚持，对细节的极致把控，对用户体验的深切关注，对创新与独特性的执着追求，以及对完美修复与持续改进的永恒追求。这种精神是文物修复师在工作过程中不断提升自我、精益求精的原动力。

任务实施

一切准备就绪后，就可以制作运营插画了。在制作前，建议学生先梳理制作的主要流程。具体的制作流程请扫描二维码查看。

环节五　评估总结

测试评估

一、单选题

1. 要想进入蒙版并对其进行编辑，应该按住（　　）键，再单击蒙版缩略图。

　　A．Alt　　　　　B．Shift　　　　C．Shift+Ctrl　　D．Ctrl

2．这是对哪一类蒙版的功能描述：通过使用下方图层的形状来限制上方图层的显示内容，以达到一种剪贴画的效果？（　　）

    A．图层蒙版　　B．剪贴蒙版　　C．矢量蒙版　　D．快速蒙版

3．创建剪贴蒙版的快捷键是（　　）。

    A．Ctrl + Alt + G   B．Ctrl + G

    C．Ctrl + E   D．Q

4．进入快速蒙版的快捷键是（　　）。

    A．G   B．E   C．O   D．Q

5．先创建选区（无羽化设置），再单击"新建蒙版"按钮，选区中的像素在蒙版中对应显示为（　　）。

    A．白色   B．黑色   C．灰色

二、多选题

1．以下哪些是常见的蒙版类型？（　　）

    A．图层蒙版   B．剪贴蒙版   C．矢量蒙版

2．关于蒙版的显示效果，以下描述正确的是（　　）。

    A．蒙版为黑色的区域，图层的对应区域为隐藏

    B．蒙版为白色的区域，图层的对应区域为显示

    C．蒙版为灰色的区域，图层的对应区域为半隐半显

3．灵活运用图层蒙版，可以实现以下哪些应用？（　　）

    A．抠图   B．图像合成   C．多重曝光

三、判断题

1．蒙版是一种具有透明特性的灰度图像，通过将不同的灰度值转换为透明度并作用于图像的图层，从而遮盖所选定的需要遮盖的图像。（　　）

2．图层蒙版必须依附在图层上。除了背景图层，其他所有类型的图层都可以创建蒙版。（　　）

3．创建剪贴蒙版后，位于上方的图层被称为内容层，位于下方的图层被称为基底层。剪贴蒙版可以用于限制调整图层的调色范围，使调整图层的调色效果仅对下方的基底层起作用。（　　）

4．进入快速蒙版并使用黑色或白色画笔涂抹时，淡红色区域代表未被选中的区域（淡红色区域的像素不在选区中）。（　　）

5．使用蒙版在任何时候都不能抠出半透明对象，必须借助钢笔工具。（　　）

6．为了更好地融合对象，在使用蒙版抠图时，一般建议根据实际情况，对涂抹的画笔设置较高的羽化值，并使用画笔边缘进行涂抹。（　　）

笔记

📖 **自我评定**

项目	自评分				
	1分 很糟	2分 较弱	3分 还行	4分 不错	5分 很棒
了解常见的蒙版类型					
能针对不同的图层类型使用相应的蒙版					
能将选区和蒙版自由转换					
理解剪贴蒙版的作用					
能区分快速蒙版和剪贴蒙版					
了解画笔在蒙版上的应用方法					
对本章快捷键的掌握情况					
对创作思路的理解					
能基于客户需求，发散思维，解决问题					
自我评定					

序号：　　　　　　姓名：　　　　　　　　填写日期：　　　年　　月　　日

环节六　拓展练习

拓展练习的参考效果如图 5-25 和图 5-26 所示，设计要求、设计思路与实施流程请扫描二维码查看。

拓展练习 1　场景合成海报

图 5-25　场影合成海报

拓展练习 2　公益海报设计

图 5-26　公益海报设计

任务六　照片后期处理

环节一　任务描述

本任务主要运用 Photoshop 的调色工具与命令，完成照片的后期处理。本任务的目标如下所示。

任务名称	照片后期处理	建议学时		8
任务准备	Photoshop、思维导图软件、签字笔、铅笔			
目标类型	任务目标			
知识目标	1. 了解图像后期处理及合成的常见需求			
	2. 掌握色阶、曲线色彩平衡、色相 / 饱和度等调色命令的使用方法			
	3. 基本掌握颜色调整的思路、方法与技巧			
能力目标	1. 具备灵活运用各种方法对图像的影调、色调进行初步调整的能力			
	2. 具备获取、处理和综合分析信息的能力			
	3. 具备制作照片写真设计的能力			
职业素养目标	1. 具有规范设计与创新探索的意识			
	2. 具有主动思考与主动学习的意识			
	3. 具有团结协作的精神，能够与合作伙伴良好沟通			

📖 任务情景

四川省广元市青川县乔庄镇茶树村为宣传乡村建设，促进当地的红色文化、旅游宣传与电商销售，需要对一批照片进行后期处理。通过对照片进行修饰，体现现代乡村的地道风物和红色文化，参考效果如图 6-1 和图 6-2 所示。

图 6-1　茶树村新貌参考效果图

图 6-2　张炳仁人像后期参考效果图

文件规范

文件的规范类型及规范参数如表 6-1 所示。

表 6-1　文件的规范类型及规范参数

规范类型	规范参数
文件格式	*.jpg / *.png
文件尺寸	1920 像素 ×1080 像素
文件分辨率	72 像素 / 英寸
颜色彩模式	RGB
文件大小（储存空间）	＜ 20MB

环节二　任务启动

本任务分为任务实施前、任务实施中、任务实施后 3 个环节，如图 6-3 所示。

任务实施前，要从全局出发对任务进行分析并制订计划，提出决策方案。

第一步，分析任务。对任务进行需求分析，将客户提出的需求分解为具体的子任务；运用调查法或观察法进一步分析，明确任务目标；从专业设计师的角度进行创意分析，明确任务的定位与侧重点；预估在任务实施过程中所需的知识与技能。

第二步，制订计划。将各项任务进一步具体化，揭示任务中的要素、关系及要求。例如，根据任务目标确认文件规格，规划时间进度，描述设计风格与场景，最终形成一份完整的实施计划。

第三步，决策方案。根据任务计划制定任务实施流程，绘制创意草图。

✏ 笔记

任务实施时，首先要学习相关的知识与技能，确保自身具备独立完成本任务的知识基础和技术技能，然后按流程独立完成作品设计与制作，并对细节进行打磨。

任务完成后，还需要对作品成果进行评估，查看其是否符合客户需求；最后进行复盘讨论，总结项目经验。建议对拓展项目进行练习，进一步检验自身对基础知识的掌握程度，以及对技能的迁移和创新能力。

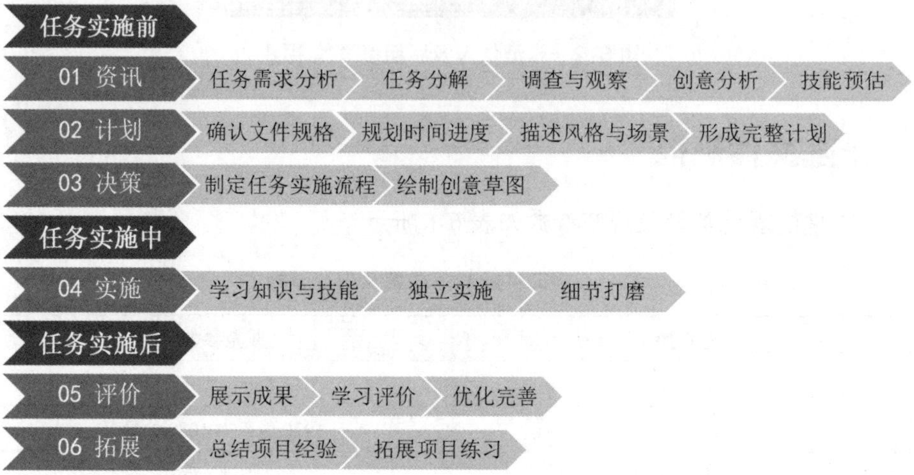

任务实施前

01 资讯	任务需求分析	任务分解	调查与观察	创意分析	技能预估
02 计划	确认文件规格	规划时间进度	描述风格与场景	形成完整计划
03 决策	制定任务实施流程	绘制创意草图

任务实施中

| 04 实施 | 学习知识与技能 | 独立实施 | 细节打磨 |

任务实施后

| 05 评价 | 展示成果 | 学习评价 | 优化完善 |
| 06 拓展 | 总结项目经验 | 拓展项目练习 |

图 6-3　任务环节

📖 **任务分析**

本任务需要对照片素材进行修饰和调色，体现现代乡村的地道风物和红色文化。

请根据以上要求进行任务分析，分析内容包括但不限于如下几个方面。

（1）任务描述与分解：对本任务做简要描述，明确任务目标与侧重点，并将任务分解为多个子任务。

（2）创意分析：从创新角度提出本任务的设计创意或独特想法，如独特的画面元素、新的表现手法等。

（3）技能预估：对本任务进行技能预估，明确完成本任务可能会使用的工具与命令、方法与技巧，如抠图、调色、图像融合的方法与技巧等。

（4）调查与观察：结合任务描述、创意分析和技能预估，提出要完成本任务可能存在的问题。

（5）制订任务计划：明确任务文件规格与时间进度安排，根据应用场景明确设计风格及其他要求。

（6）制定任务流程：根据任务计划制定任务流程，绘制任务草图。

请将以上分析内容按类型和要求填写在后面的"照片后期处理任务分析"、"照片后期处理任务计划"和"照片后期处理任务流程图与草图"表格中。

照片后期处理任务分析如表 6-2 所示。

笔记

表 6-2　照片后期处理任务分析

任务描述		
任务分解	子任务 1	
	子任务 2	
	子任务 3	
	子任务 4	
	子任务 5	
创意分析		
技能预估		
调查与观察	问题 1	
	问题 2	
	问题 3	
	其他观察	

序号：　　　　姓名：　　　　填写日期：　　年　　月　　日

✎ 笔记

📖 **任务计划**

照片后期处理任务计划如表 6-3 所示。

表 6-3　照片后期处理任务计划

文件规格	宽度（单位：　）	高度（单位：　）		分辨率
时间进度	事项			时间（单位：　）
应用场景				
设计风格				
其他要求				

序号：　　　　　　　姓名：　　　　　　　填写日期：　　　年　　月　　日

📖 **任务流程**

照片后期处理任务流程图与草图如表 6-4 所示。

表 6–4　照片后期处理任务流程图与草图

要求：将任务按照实施步骤或以思维导图的方式拆分为多个流程节点

序号：　　　　　姓名：　　　　　填写日期：　　　年　　月　　日

✏️ **笔记**

笔记

环节三　知识笔记

6.1　调色基础

知 识 脉 络

本节将学习常见的 Photoshop 基础调色工具与调色命令的用法。通过学习调色基础，学生能够使用基础调色工具与调色命令对图像进行调色处理。

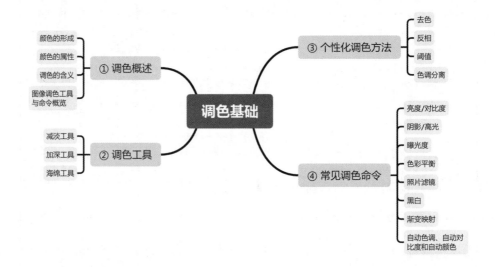

知 识 学 习

6.1.1　调色概述

调色是 Photoshop 中的重要功能，它直接关系到最后的显示效果，只有有效控制图像的色彩和色调，才能制作出高品质的图像。

1. 颜色的形成

颜色是人的大脑对不同频率的光波的感知。颜色的形成有 3 个必不可少的因素，分别是光源、物体和人。光源照射到物体上，物体吸收部分光，而剩余未被吸收的光反射到人的眼睛中，人的眼睛就会感知到颜色。

2. 颜色的属性

颜色分为彩色系（红色、橙色、黄色、绿色、青色、蓝色、紫色等）和非彩色系（黑色、白色、灰色）。颜色的属性包括色相、饱和度和明度。

色相是指红色、橙色、黄色、绿色等不同的颜色，是人对不同波长的光反射到眼睛中所产生的视觉感受。饱和度是指颜色的纯度，也就是颜色的鲜艳程度，某种颜色中包含的其他颜色越少，纯度就越高，颜色也就越鲜艳。明度是指颜色的明暗程度，也就是物体反射光的强度。

在设置颜色时，建议参考拾色器中的 HSB 数值，因为与 RGB、CMYK 等颜色模型相比，HSB 颜色模型更符合我们对颜色的认知规律，能够更直观地看到色彩的变化。通过 HSB 颜色模式设置颜色的流程是首先确定色相，然后确定饱和度，最后确定明度，如图 6-4 所示。

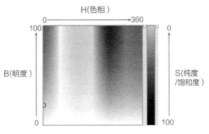

图 6-4　通过 HSB 颜色模式设置颜色

3．调色的含义

调色是指调整影调和色调。影调是指图片中的明暗、对比和层次关系，色调是指图片中的颜色，即色相。调色效果如图 6-5 所示。

图 6-5　调色效果

4. 图像调色工具与命令概览

表 6-5 中列举了常用的调色工具和调色命令，使用这些工具和命令能够完成大多数调色任务。

表 6-5　常用调色工具和调色命令

常用调色工具	减淡工具、加深工具、海绵工具	
常用调色命令	初阶调色命令	自动色调、自动对比度、自动颜色
	中阶调色命令	亮度 / 对比度、阴影 / 高光、曝光度、色彩平衡
	高阶调色命令	色阶、曲线、色相 / 饱和度、可选颜色
	个性化调色命令	去色、反相、阈值、色调分离、照片滤镜、渐变映射、黑白

6.1.2　调色工具

Photoshop 在调色工具组中提供了减淡工具、加深工具和海绵工具，如图 6-6 所示。

1. 减淡工具

图 6-6　调色工具组

减淡工具用于增加涂抹区域的曝光度。在使用减淡工具时，要注意设置合理的"范围"，若想提高阴影区域的明度，则可将"范围"设置为"阴影"，此时效果主要对阴影区域起作用。此外，还可以选择"中间调"和"高光"选项，分别对中间调和高光区域增加曝光度。在涂抹区域之前注意设置合理的曝光度，曝光度的数值越高，曝光效果越明显。使用减淡工具前后的效果对比如图 6-7 所示。

图 6-7　使用减淡工具前后的效果对比

2. 加深工具

加深工具用于降低涂抹区域的明度。合理设置加深的属性值，可以提升图片的层次感，其操作和属性设置与减淡工具类似。使用加深工具前后的效果对比如图 6-8 所示。

图 6-8 使用加深工具前后的效果对比

3. 海绵工具

海绵工具用于调整涂抹区域的饱和度。"模式"下拉列表中的"加色"选项用于提高饱和度，"去色"选项用于降低饱和度。使用海绵工具前后的效果对比如图 6-9 所示。

图 6-9 使用海绵工具前后的效果对比

6.1.3 个性化调色方法

1. 去色

"去色"命令可以去除所选区域内的颜色，快捷键为 Ctrl+Shift+U。"去

✐ 笔记

色"命令往往搭配选区使用，仅保留主体颜色，去除主体之外的区域内的颜色，用于营造视觉焦点。去色前后的效果对比如图 6-10 所示。首先使用选区工具选中除小朋友之外的区域，然后对这些区域应用"去色"命令，使观众的视觉焦点集中在小朋友身上。还可以进一步缩小视觉范围，让图片中仅保留要强调的衣服或配饰的颜色，进而将衣服或配饰打造成新的视觉焦点。

图 6-10 去色前后的效果对比

Tips

　　将图像模式调整为"灰度模式"后，图像也会变成灰色图像，但与"去色"命令不同。"去色"是在原来的颜色模式下将图像转换为灰度效果，"灰度模式"是直接修改了颜色模式。在灰度模式下，填充或涂抹任何颜色都将显示为灰色。

2. 反相

"反相"命令是将图像的色彩完全反转，快捷键为 Ctrl+I。反相前后的效果对比如图 6-11 所示。

图 6-11 反相前后的效果对比

笔记

3．阈值

"阈值"命令是将图像转换为高对比度的黑白图像。在使用该命令时，需要指定一个"阈值色阶"，比该值高的像素将转换为白色，反之则转换为黑色。"阈值色阶"的设定如图 6-12 所示。

原图　　　　阈值色阶：128　　　阈值色阶：66

图 6-12　"阈值色阶"的设定

4．色调分离

"色调分离"命令是通过指定色调级数，并按此级数将图像的像素映射为最接近的颜色。图像在执行"色调分离"命令后由于颜色数变少，过渡没有原图细腻，因此会出现色彩上的"跳阶"现象，可用于制作一些特殊效果。色调分离如图 6-13 所示。

原图　　　　　色阶：10　　　　色阶：5

图 6-13　色调分离

笔记

图 6-13　色调分离（续）

6.1.4　常见调色命令

1. 亮度/对比度

"亮度/对比度"命令用于调整图像的亮度与对比度。对比度是画面中黑色与白色的比值，即从黑色到白色的渐变层次，对比度的值越大，从黑色到白色的渐变层次就越多，明暗对比就越鲜明。减小对比度会让整个画面显得灰暗。因此，适当调整亮度与对比度能让图像变得更鲜亮、更有层次感。使用"亮度/对比度"命令的调整效果对比，如图 6-14 所示。

图 6-14　使用"亮度/对比度"命令的调整效果对比

2. 阴影/高光

"阴影/高光"命令用于迅速改善图像的高光和阴影区域，解决曝光过度或曝光不足的问题，让画面呈现更多细节的同时保持图像的整体明暗平衡。选择"图像"→"调整"→"阴影/高光"命令，可打开"阴影/高光"对话框。使用"阴影/高光"命令的调整效果对比如图 6-15 所示。

笔记

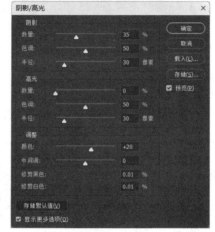

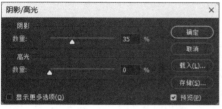

图 6-15　使用"阴影 / 高光"命令的调整效果对比

3．曝光度

"曝光度"命令用于调整图像的曝光度，选择"图像"→"调整"→"曝光度"命令，可打开"曝光度"对话框。使用"曝光度"命令的调整效果对比如图 6-16 所示。

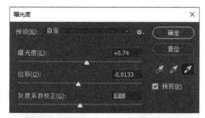

图 6-16　使用"曝光度"命令的调整效果对比

笔记

4. 色彩平衡

"色彩平衡"命令是通过增加某种颜色的补色,从而达到去除某种颜色的目的,通常用于调整偏色图像。如图 6-17 所示,左侧图像偏红色和黄色,可适当降低阴影、中间调和高光区域的黄色,增加蓝色,适当降低红色,增加青色,对图像进行偏色调整。

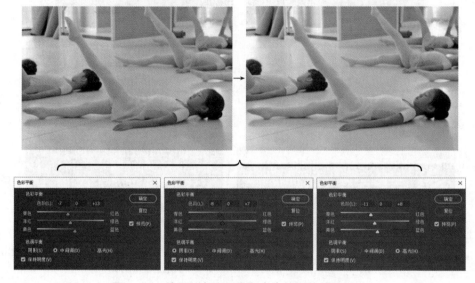

图 6-17 使用"色彩平衡"命令的调整效果对比

5. 照片滤镜

"照片滤镜"命令用于调整图像的色调,使其具有冷、暖色调或自定义色调。如图 6-18 所示,采用"冷却滤镜(80)"后,图像整体偏蓝色。

图 6-18 使用"照片滤镜"命令的调整效果对比

6. 黑白

"黑白"命令可以将图像处理为灰度图像效果,调整某种颜色的色标滑

笔记

块的位置，可以对原图中对应的色彩进行灰度处理。勾选"色调"复选框后，也可以为图像着色，将其处理为单一色彩的图像，如图 6-19 和图 6-20 所示。

可对原图中对应的色彩进
行灰度处理

设置叠加到图像上的颜色 ➡

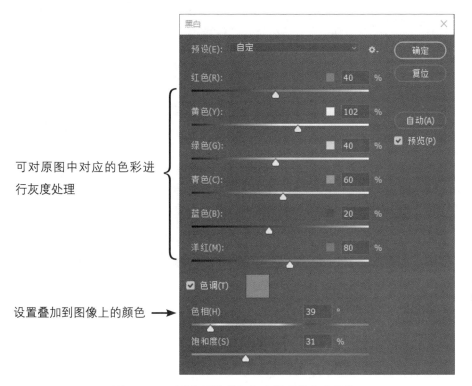

图 6-19　对彩色图像进行灰度处理的参考参数

图 6-20　使用"黑白"命令的调整效果对比

7．渐变映射

"渐变映射"命令用于将图像的最暗色调和最亮色调映射为一组渐变色中的最暗色调和最亮色调。选择"图像"→"调整"→"渐变映射"命令，可打开"渐变映射"对话框。使用"渐变映射"命令的调整效果对比如图 6-21所示。

笔记

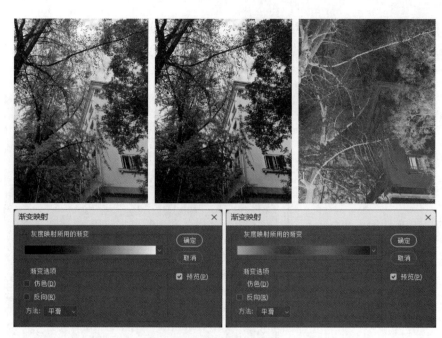

图 6-21　使用"渐变映射"命令的调整效果对比

8. 自动色调、自动对比度和自动颜色

"自动色调"、"自动对比度"和"自动颜色"命令可自动识别图像的场景，并自动调整色调、对比度和颜色，如图 6-22 所示。

图 6-22　自动调整效果对比

6.2　调色进阶

知 识 脉 络

本节将学习 Photoshop 中的色阶、曲线和色相 / 饱和度等调色命令。通过学习以下命令，学生能够自主对图像进行调色处理。

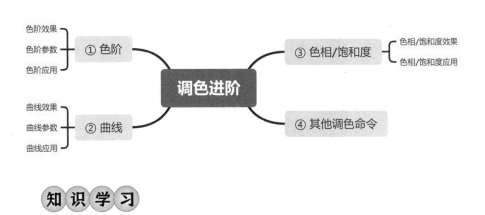

知 识 学 习

6.2.1　色阶

1. 色阶效果

"色阶"命令可以对图像的亮调、暗调和中间调分别进行调整，通过调整图像的黑场、白场，改善图像的对比度和明暗度，校正偏色，避免图像显得灰暗或不够通透。使用"色阶"命令的调整效果对比如图 6-23 所示。

图 6-23　使用"色阶"命令的调整效果对比

2. 色阶参数

选择"图像"→"调整"→"色阶"（Ctrl+L）命令，可以打开"色阶"对话框，其中包括"输入色阶""输出色阶"等参数，如图 6-24 所示。

笔记

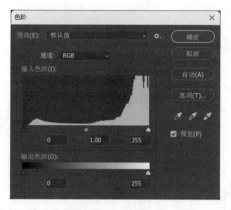

图 6-24 色阶参数

在"输入色阶"选区中拖曳黑色、灰色、白色 3 个色标滑块，可对应改变图像的暗调、中间调或高光，向左拖曳白色滑块和灰色滑块，图像变亮；向右拖曳黑色滑块和灰色滑块，图像变暗。

"输出色阶"是重新定义后的色阶，重新定义暗调和高光会降低对比度。向右拖曳黑色滑块，降低暗部对比度从而使图片变亮；向左拖曳白色滑块，降低亮部对比度从而使图片变暗。

使用"黑场吸管"、"灰场吸管"或"白场吸管"工具在图像的任意位置取样，则将该取样点定义为新的黑场、灰场或白场。单击"自动"按钮会将图像中最亮的点定义为白色，最暗的点定义为黑色，其他像素的明度会根据比例变化。

3. 色阶应用

【即时练习 1】高光调整

如图 6-25 所示，原图偏灰，打开"色阶"对话框后，发现高光区域内几乎没有像素，此时将白色滑块向左移动，使图像变得更鲜亮。

图 6-25 高光调整效果对比

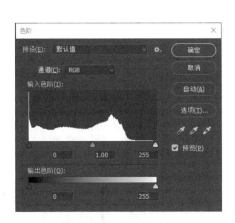

图 6-25　高光调整效果对比（续）

【即时练习2】色阶调整

在"色阶"对话框中，可以使用吸管调整图像的对比度。分别使用"黑场吸管"和"白色吸管"在图像中单击，将被单击位置分别映射为黑色和白色，Photoshop同时会根据这两点明度的改变幅度重新分配图像中所有像素的明度，从而调整图像，如图 6-26 所示。

图 6-26　色阶调整效果对比

若使用"灰场吸管"单击某种颜色，则可在图像中消除或减弱此种颜色，从而纠正图像中的偏色状态。这种方法往往会带来特别的颜色变化，如图 6-27 所示。

图 6-27　使用"灰场吸管"调整效果对比

笔记

6.2.2　曲线

1.　曲线效果

"曲线"命令是 Photoshop 中调整图像明暗度最为精确的命令之一，可精准调整明度和颜色，如图 6-28 所示。

图 6-28　使用"曲线"命令调色的调整效果对比

2.　曲线参数

选择"图像"→"调整"→"曲线"（Ctrl+M）命令，可以打开"曲线"对话框。"曲线"对话框的中心区域是虚线调整框，横坐标和纵坐标分别是输入和输出的明暗度显示条。中间呈 45°的线条是曲线命令的调节线，改变调节线可以精准地调整图像中不同区域内的像素明度，如图 6-29 所示。"曲线"对话框中的"通道"选项可以调整不同颜色通道的敏感度，进而调整图像颜色。

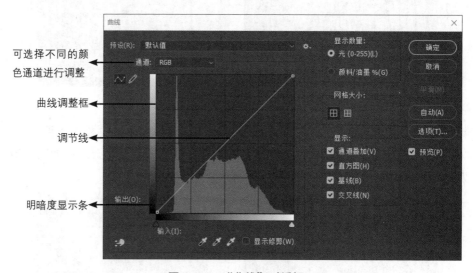

图 6-29　"曲线"对话框

3.　曲线应用

【即时练习 1】利用曲线增强图像对比度

如图 6-30 所示，左图明度存在图像发灰、对比度不足的问题。使用 S

型曲线增加图像对比度，使图片如图 6-31 所示。

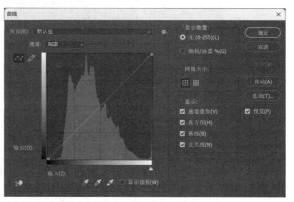

图 6-30　图像发灰、对比度不足

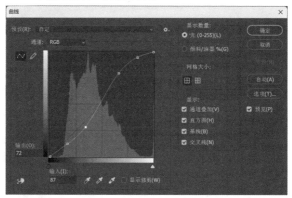

图 6-31　利用曲线增强图像对比度

【即时练习 2】利用曲线显示更多细节

如图 6-32 所示，左图存在暗部过暗、细节不足的问题。通过增强暗部的明度，同时降低亮部的明度，避免图像的亮部过曝。

图 6-32　利用曲线显示更多细节

笔记

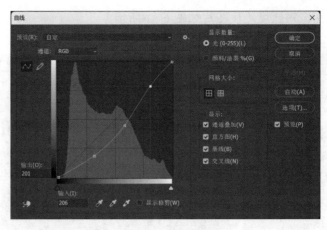

图 6-32　利用曲线显示更多细节（续）

6.2.3　色相 / 饱和度

1. 色相 / 饱和度效果

"色相 / 饱和度"命令主要用于调整图像的颜色、饱和度和明度，可以根据不同的颜色进行分类调色，还可以为图像统一着色。选择"图像"→"调整"→"色相 / 饱和度"（Ctrl+U）命令，可以打开"色相 / 饱和度"对话框。使用"色相 / 饱和度"命令调整前后效果对比如图 6-33 所示。

图 6-33　使用"色相 / 饱和度"命令调整前后效果对比

2. 色相／饱和度应用

【即时练习1】调整图像颜色

如图6-34所示，原图中的风景优美，但还不够鲜亮，可以调整绿植与天空的饱和度和明度，从而对图像进行调色处理。

通过"色相／饱和度"命令，先增强黄色的饱和度和明度，再增强蓝色的饱和度和明度，最后对整张图像进行饱和度和明度的调整，使画面更加协调。在调色过程中，可以适当调整模糊控件，使颜色变化更精准。

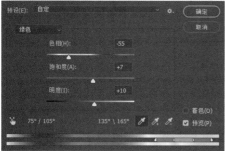

图6-34　调整图像颜色

【即时练习 2】绿叶变红叶

在工作中，有时会遇到将绿叶变为红叶，将红叶变为绿叶的调色需求。

通过"色相/饱和度"命令，先将黄色与绿色的"色相"调整为红色，再对整张图像的颜色参数进行调整，使之更加协调，如图 6-35 所示。

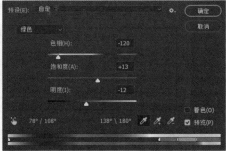

图 6-35　绿叶变红叶

6.2.4　其他调色命令

其他调色命令还有"可选颜色"、"替换颜色"、"通道混合器"和"调整图层"等。其中，"调整图层"命令是以图层的形式对颜色进行调整，几乎所有的调色命令都有对应的调整图层。使用"调整图层"命令调色不会破坏原有图层，它是常用的调色技巧。

6.3 ACR 调色

知 识 脉 络

本节将学习 ACR 的概念与应用。通过学习这部分内容，学生能够灵活使用 ACR 进行图片的无损调色处理。

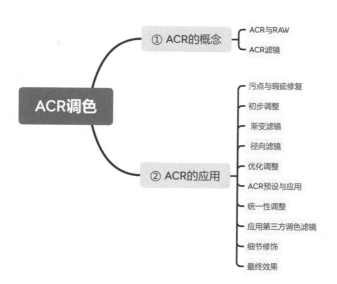

知 识 学 习

6.3.1 ACR 的概念

1. ACR 与 RAW

ACR 的英文全称是 Adobe Camera Raw，是 Photoshop 中的 RAW 文件编辑工具。RAW 文件又称数字底片，是数码相机生成的原始格式文件，比 JPEG 格式储存的信息更多。几乎每个相机厂商都有自己的 RAW 文件格式，常见的 RAW 文件后缀包括 .NEF、.DNG、.CR2 等。因为各相机厂商的 RAW 格式各不相同，所以 Photoshop 本身是无法直接识别这些 RAW 格式的，需要相应的软件进行解析，如 ACR。ACR 还提供了许多对底片信息完全无损的调整选项，也就是底片信息并没有被覆盖，随时可以一键复原。

2. ACR 滤镜

RAW 文件导入 Photoshop 时会直接打开 ACR 滤镜。对于非 RAW 格式的图像，可以在菜单栏中通过 "滤镜" → "Camera Raw 滤镜" 命令打开

笔记

ACR 滤镜。

在 ACR 滤镜顶部的选项栏中有缩放、抓手、白平衡、颜色取样器、目标调整工具、变换工具、污点去除、红眼去除、渐变滤镜、镜像滤镜等工具。选择不同的工具后，右侧的面板也会随之变化。通过调整参数，可以对图像进行调色处理。这里的工具和参数调整与 Photoshop 中的调色工具和命令非常相似。ACR 滤镜界面如图 6-36 所示。

图 6-36　ACR 滤镜界面

6.3.2　ACR 的应用

这里以一张风景照的后期处理过程为例来演示 ACR 的调色流程及相关工具的使用方法，图像处理效果对比如图 6-37 所示。

图 6-37　图像处理效果对比

从光影上看，图像存在整体偏灰、近处的山偏暗看不清细节、远处的天空略为过曝没有层次的问题；从色彩上看，图像色彩过于平淡。因此，在明度上要增强对比，同时控制天空不要过曝；在色彩上要还原天空、山和树的色彩。图像处理的参考思路如下，具体步骤和参考参数请扫描二维码查看。

笔记

1. 污点与瑕疵修复

首先要对图像进行污点去除等基础处理。由于相机的镜头上有灰尘，所以在图像上留下了比较清晰的痕迹，影响画面美观。此时，可以使用污点工具去除灰尘或液体在图像中留下的痕迹，同时要注意检查消除其他瑕疵，如图 6-38 所示。

图 6-38　污点与瑕疵修复

2. 初步调整

在 ACR 滤镜中调整基础明度和色彩参数，初步修复天空过曝、山林过暗的问题，解决层次感不足和颜色平淡的问题，如图 6-39 所示。

笔记

图 6-39　初步调整

3．渐变滤镜

在初步调整后，发现天空依然存在过曝问题，可以继续使用渐变滤镜压暗天空，也可以降低天空和地面的反差，找回细节，如图 6-40 所示。

图 6-40　渐变滤镜

4．径向滤镜

针对一些局部问题，可以使用径向滤镜在小范围内调整图像，如图 6-41 所示。要注意设置径向滤镜的调整范围。若将其设置为外部，则所有修改将被应用于选定区域的外部；若将其设置为内部，则所有修改将被应用于选定区域。

图 6-41　径向滤镜

5. 优化调整

在完成基础调整后，可以使用"曲线"、"HSL"和"细节"等命令对图像进行优化调整。若图像有畸变，则可以使用"镜头矫正"命令调整，如图 6-42 所示。

笔记

至此，通过 ACR 调整，图像的色彩、对比和光影就基本定调了。在完成这些操作后，建议再保存一次文件，先将参数保存到 RAW 图像中，再将其另存为一个 PSD 文件，以便后续继续调整优化。

图 6-42　优化调整

6．ACR 预设与应用

若处理的图像是 RAW 格式，则在使用 ACR 完成图像调整后，文件夹中会生成一个 XMP 文件，这个文件就是 ACR 预设文件。使用 ACR 预设文件，可以一键应用预设的参数，随后进一步微调优化，这样大大提高了图像后期处理的效率。

　　将 ACR 预设文件复制到 ACR 滤镜的 Settings 文件夹中即可使用。当再次打开 ACR 滤镜时，右侧的"用户预设"列表中会自动显示已导入的预设，如图 6-43 所示。

图 6-43　ACR 预设与应用

7. 统一性调整

　　在退出 ACR 滤镜后，使用"曲线"、"色相"和"对比度"等命令对图像进行统一的色彩和明度调整，使之更加协调统一，如图 6-44 所示。

图 6-44　统一性调整

8. 应用第三方调色滤镜

为了得到更好的调色效果，可以使用第三方调色滤镜对图像做进一步的优化。例如，Nik Collection 的 Color Efex Pro 滤镜可以进一步优化图像细节，增强对比，如图 6-45 所示。

图 6-45　应用第三方调色滤镜

9. 细节修饰

使用第三方滤镜的预设参数可以对图像进行整体优化，但也可能导致部分细节丢失，如对云层的暗部调整过度，会使云层显得比较脏。此时可以创建新图层，并将新图层的"混合模式"设置为"柔光"，使用白色画笔在需要提亮的地方进行涂抹，涂抹时要注意设置合理的笔刷参数。修改完成后，云层会显得更纯净，如图 6-46 所示。

图 6-46　细节修饰

10. 最终效果

经过一系列调色操作，风景照的效果得到了极大改善，如图 6-47 所示。

图 6-47　最终效果

6.4　人像修容方法

知 识 脉 络

本节将学习使用中性灰和双曲线（D&B）进行人像修容的原理和方法。通过学习这部分内容，学生能够做到根据使用场景选择合适的方法、插件对人像进行修容。

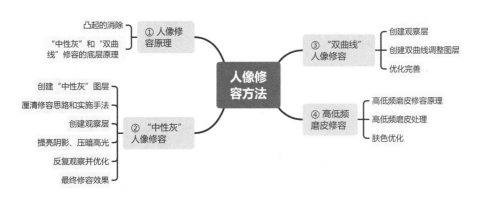

知 识 学 习

6.4.1　人像修容原理

最佳的人像修容效果，不仅要去除面部的瑕疵，也要保留皮肤的细节，这样才会显得真实有质感。因此，在商业人像修容时，不会采取简单地通过大面积磨皮遮盖人物面部瑕疵的方法。"中性灰"和"双曲线"是人像修

笔记

容中的常见方法。为了更好地理解这些修容方法，首先需要了解一下其基本原理。

1. 凸起的消除

如图 6-48 所示，左右两张图片的区别在于咖啡馆门前的凸起，只要使凸起的明度和色彩与周围的像素保持一致，就能将这个凸起消除。

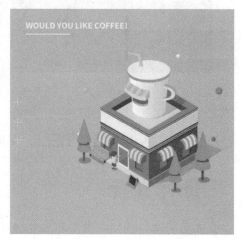

图 6-48　凸起的消除

如图 6-49 所示，凸起区域的亮度比环境的亮度更高，阴影区域的亮度比环境的亮度更低。可以分别在凸起区域和阴影区域内创建选区，随后使用"曲线"命令调整图层，分别压暗高光、提亮阴影，将凸起效果隐藏起来。

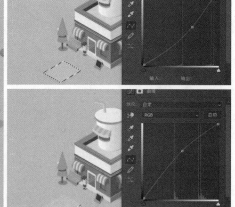

图 6-49　使用"曲线"命令隐藏凸起

2. "中性灰"和"双曲线"修容的底层原理

人像修容也是同样的原理，如图 6-50 所示，左侧原图中的人物皮肤状态不好，看起来暗沉、松弛，这是因为在人的面部有很多因凸起或凹陷而形成的光影结构。通过提亮阴影、压暗高光的方式，可以消除这样的光影结构，从视觉上让皮肤变得更加光滑。只是皮肤上的细节很多，修容处理的工作量相对较大，这样的修容方式通常用于商业级、海报级。

图 6-50　人像修容前后效果对比

6.4.2　"中性灰"人像修容

"中性灰"是一种常见的人像修容方式。其基本思路是新建一个名为"中性灰"的图层，为新图层填充中性灰，即填充颜色 RGB（128，128，128），再将"中性灰"图层的"混合模式"设置为"柔光"，随后使用白色或黑色画笔在图层上涂抹，将阴影区域提亮，将高光区域压暗，柔和面部瑕疵处过于强烈的光影结构。要注意为画笔设置合理的不透明度与流量。人像修容的参考思路如下，具体步骤和参考参数请扫描二维码查看。

1. 创建"中性灰"图层

首先创建一个"中性灰"图层，如图 6-51 所示。

图 6-51　创建"中性灰"图层

2. 厘清修容思路和实施手法

创建"中性灰"图层后，通过提亮阴影、压暗高光的方式，消除导致皮肤视觉效果不佳的光影结构，如图 6-52 所示。

图 6-52　厘清修容思路和实施手法

3. 创建观察层

为了更好地观察明暗变化，可以在图层的最上方创建观察层，如图 6-53 所示。

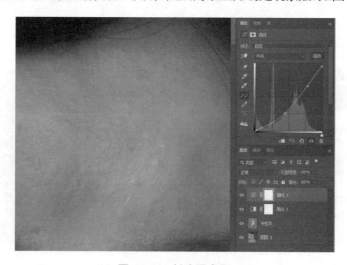

图 6-53　创建观察层

笔记

4．提亮阴影、压暗高光

使用设置好"尺寸"、"羽化"、"不透明度"和"流量"参数的画笔，在"中性灰"图层上分别使用黑色画笔和白色画笔反复涂抹。使用黑色画笔涂抹时，会降低涂抹区域的亮度；使用白色画笔涂抹时，会增加涂抹区域的亮度。提亮阴影、压暗高光，如图 6-54 所示。

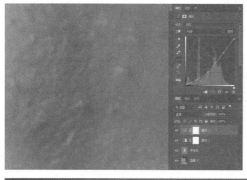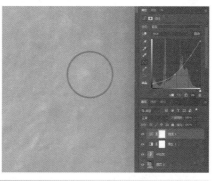

图 6-54　提亮阴影、压暗高光

5．反复观察并优化

设置画笔的"尺寸"、"不透明度"和"流量"参数，在"中性灰"图层上分别使用黑色画笔和白色画笔反复涂抹，完成后发现有明显的优化效果，如图 6-55 所示。

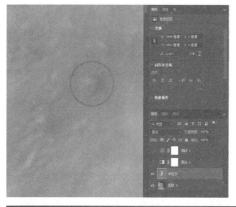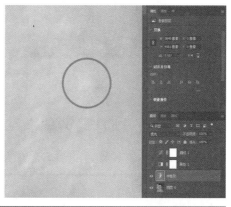

图 6-55　反复观察并优化

6．最终修容效果

如图 6-56 所示，右图是在填充了"中性灰"的图层上使用画笔修饰的

笔记

笔触痕迹，左图是使用"中性灰"人像修容的局部对比。在经过修饰后，图像变得精致且富有质感，如图 6-57 所示。

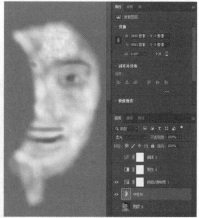

图 6-56　图像修饰

图 6-57　最终修容效果

6.4.3　"双曲线"人像修容

"双曲线"人像修容的基本思路与"中性灰"人像修容的基本思路相同，可以使用两个曲线来调整图层，提亮或压暗需要修饰的区域，以达到修容的目的。人像修容的参考思路如下，具体步骤和参考参数请扫描二维码查看。

1. 创建观察层

首先，创建一个黑白调整图层和一个压暗曲线图层，把这两个图层编组并命名为观察层，将其放置在所有图层的最顶端，以便观察图像的明暗光影，如图 6-58 所示。

图 6-58　创建观察层

2．创建双曲线调整图层

然后，创建两个双曲线调整图层并为其添加蒙版，其中一个曲线调整图层用于降低明度、压暗像素，另一个曲线调整图层用于增加明度、提亮像素。在这两个曲线调整图层的蒙版上使用白色画笔涂抹，分别压暗或提亮对应区域的像素，进而达到优化区域光影结构的目的，如图 6-59 所示。

图 6-59　创建双曲线调整图层

笔记

3. 优化完善

在使用双曲线修容的过程中，一定要认真观察并耐心处理细节，如图 6-60 所示。反复优化完善后，可逐渐改善人物的肤质，如图 6-61 所示。

图 6-60　完善光影细节

图 6-61　优化完善效果对比

6.4.4　高低频磨皮修容

1. 高低频磨皮修容原理

对比初始图像和最终效果图像，人像修容让光影过渡得更柔和、平缓，同时保留了皮肤的质感。因此，可以将调光调色和增强质感分开处理，即高低频磨皮。通过高频图层保留质感，通过低频图层保留颜色和光影。高低频磨皮修容前后效果对比如图 6-62 所示。

图 6-62　高低频磨皮修容前后效果对比

2. 高低频磨皮处理

　　提取皮肤的质感时，主要是提取对比度较高的边缘。例如，皮肤表面起伏的颗粒受到光影的影响后，每一个颗粒都会产生高光和阴影，若将这些高反差的颜色提取出来，则可以保留质感，因此在高频图层中应用高反差保留滤镜，保留皮肤的质感。对于面部的瑕疵，则通过将对应的像素模糊化，以去除这部分的质感，但可以保留颜色和光影；通过蒙版，适当保留高、低频图层各自所需的内容，达到在光影过渡柔和、平缓的同时保留质感的目标，如图 6-63 所示。具体步骤和参考参数请扫描二维码查看。

图 6-63　高低频磨皮处理

3. 肤色优化

针对肤色不均匀的情况，可以先新建图层将"混合模式"设置为"柔光"，再吸取需要修饰的皮肤周围的颜色，最后使用画笔涂抹柔和肤色。修饰完成后，肤色变得更加自然，如图 6-64 所示。

图 6-64　肤色优化

使用蒙版对人物的皮肤进行整体调色，优化后的整体感会更强，如图 6-65 所示。

图 6-65　使用蒙版进行整体调色

环节四 设计执行

 笔记

设计贴士

形成图像后期处理风格

图像后期处理具有强烈的个人风格，每个摄影师都有自己独特的处理风格和技巧。在处理图像时，建议多观察、多思考、多实践，了解当前的流行趋势和新兴的后期处理工具与技术，以形成自己独特的风格，提高后期处理的效率。

掌握基本的摄影和后期处理原则，如对比度、亮度、色彩平衡、色调等，将帮助我们建立一个良好的基础，随后在此之上进行个性化的调整即可。通过深入了解自己的审美和风格偏好，能够更好地把握后期处理的尺度。同时，图像的目标群体也能影响后期处理风格的选择。例如，如果是为一个时尚品牌拍摄，那么可能需要在色彩和质感的呈现方面给予更多的关注。不断尝试新兴的后期处理工具与技术，如 Adobe Lightroom、Photoshop、Capture One 等，能帮助我们实现自己的创意和想法。

模仿自己喜欢的后期处理风格也是一种有效的学习方式，通过观察和研究其他摄影师的作品，可以学习到一些新的技巧和方法。同时，作品的风格保持一致有助于观众记住和分辨我们的作品。在不确定自己的后期处理风格是否合适时，可以向其他摄影师或观众寻求反馈。他们的意见和建议能够帮助我们更好地调整自己的后期处理方式。最后，要不断实践和尝试新的方法。只有实践过才能真正了解什么是最适合自己的后期处理风格。

任务实施

一切准备就绪后，就可以图像后期处理了。在制作前，建议学生先梳理制作的主要流程。具体的制作流程请扫描二维码查看。

笔记

环节五 评估总结

测试评估

一、单选题

1. "反相"命令的快捷键为（ ）。

    A．Ctrl+Shift+E   B．Ctrl+E

    C．Ctrl+Shift+I   D．Ctrl+I

2. "曲线"命令的快捷键为（ ）。

    A．Ctrl+L   B．Ctrl+B   C．Ctrl+M   D．Ctrl+U

3. "色彩平衡"命令的快捷键为（ ）。

    A．Ctrl+L   B．Ctrl+B   C．Ctrl+M   D．Ctrl+U

4. "色阶"命令的快捷键为（ ）。

    A．Ctrl+L   B．Ctrl+B   C．Ctrl+M   D．Ctrl+U

5. "色相 / 饱和度"命令的快捷键为（ ）。

    A．Ctrl+L   B．Ctrl+B   C．Ctrl+M   D．Ctrl+U

6. 商业级的人像修容流程可以简单归纳为（ ）。

    A．局部精修—整体校正—整体粗修

    B．局部精修—整体粗修—整体校正

    C．整体粗修—局部精修—整体校正

二、多选题

1. 若图像发灰，希望增强其对比度，则可以使用（ ）命令。

    A．亮度 / 对比度   B．色阶   C．曲线

2. （ ）颜色互为补色，在色彩平衡调整中互为增减。

    A．C-R   B．M-G   C．Y-B   D．K-L

3. 关于 ACR 滤镜，以下描述正确的是（ ）。

    A．ACR 的英文全称是 Adobe Camera Raw

    B．ACR 是 Photoshop 中的 RAW 文件编辑工具

C．ACR 提供了很多调整选项，这些在 RAW 文件之上做出的调整都是完全无损的

D．通过以下路径可以打开 ACR 滤镜："滤镜"→"Camera Raw 滤镜"

4．若图像整体非常暗，需要整体调亮，则可以根据情况适当增大 ACR 滤镜中的（　　）选项。

A．曝光　　　　　B．高光　　　　　C．阴影　　　　　D．黑色

三、判断题

1．"去色"命令与"灰度模式"命令的效果完全相同。　　　　（　　）

2．对比度是画面中黑与白的比值，即从黑到白的渐变层次。比值越大，从黑到白的渐变层次就越多，色彩表现就越丰富。一般来说，对比度越大，图像越清晰醒目，色彩越鲜明艳丽；而对比度越小，整个画面会显得灰暗。

（　　）

3．"阴影 / 高光"命令主要针对图像中过暗或过亮区域的细节进行处理。

（　　）

4．为了达到更好的色彩平衡效果，需要对图像效果的中间调、高光和阴影都进行适当的色彩平衡调整。　　　　（　　）

5．在"色阶"命令和"曲线"命令中，所调节的黑色、白色、灰色 3 个色标滑块分别对应于黑场（高光）、白场（阴影）和灰场（中间调）。

（　　）

6．在调整曲线时，将亮部调亮、暗部调暗，形成 S 形曲线，可增加图像的对比度。　　　　（　　）

7．要去掉绿色草坪中的黄色，可以利用"色相 / 饱和度"命令选中黄色，并将色相条向左移动。　　　　（　　）

8．在不光滑的表面中有很多因凸起或凹陷而形成的光影结构。通过提亮阴影、压暗高光的方式，可以消除这样的光影结构，让表面从视觉上变得更加光滑。这就是"双曲线"和"中性灰"人像修容的底层原理。　（　　）

9．"高低频磨皮修容"是将光影的色彩和质感分开处理。高频图层通过提取高反差的边缘保留质感；低频图层通过模糊去除质感，保留颜色和光影。

（　　）

✏ 笔记

📖 **自我评定**

项目	自评分				
	1分 很糟	2分 较弱	3分 还行	4分 不错	5分 很棒
对调色基础工具与调色命令的认识					
对个性化调色方法的认识					
对 ACR 调色概念的认识					
能根据"色阶"、"曲线"和"色相/饱和度"调色命令，设置正确的基本调色参数					
能应用 ACR 进行图像的无损调色处理					
能根据使用场景选择合适的调色方法和插件，对人像进行修容					
对本章快捷键的掌握情况					
对创作思路的理解					
能基于客户需求，发散思维，解决问题					
自我评定					

序号: 姓名: 填写日期: 年   月   日

环节六 拓展练习

笔记

拓展练习的参考效果如图 6-66 和图 6-67 所示，设计要求、设计思路与实施流程请扫描二维码查看。

拓展练习 1 复杂情况的抠像

图 6-66 复杂情况的抠像

拓展练习 2 人像磨皮与精修

图 6-67 人像磨皮与精修

→ 任务七　幻境创意设计

环节一　任务描述

本任务主要运用 Photoshop 的滤镜工具，根据客户需求，完成幻境创意设计。为了完成本次任务，我们将学习常见滤镜的概念与种类，以及如何合理运用滤镜实现图片特效制作。

本任务的目标如下所示。

任务名称	幻境创意设计	建议学时	6
任务准备	Photoshop、思维导图软件、签字笔、铅笔		
目标类型	任务目标		
知识目标	1. 掌握滤镜的概念与种类		
	2. 掌握模糊、锐化、液化等常见滤镜的效果与应用		
	3. 基本掌握应用滤镜的思路、方法与技巧		
能力目标	1. 具备安装常见外挂滤镜的能力		
	2. 具备初步的信息搜索能力与审美		
	3. 具备使用常见滤镜对图像进行基本特效制作的能力		
职业素养目标	1. 具有规范设计与创新探索的意识		
	2. 具有主动思考与主动学习的意识		
	3. 传承"中国航天"精神，具有乐于探索、勇于创新的精神		

📖 任务情景

"浮岛平面设计工作室"承接了"中国航天日"的系列线上宣传推广活动，现需要设计制作一幅线上推广图。本次宣传活动的主题是"逐梦航天，合作共赢"，线上推广图要体现主题，具有独特的创意和较强的视觉冲击力，并以现代时尚的幻境风格吸引年轻人的注意，参考效果如图 7-1 所示。

图 7-1　参考效果

文件规范

文件的规范类型及规范参数如表 7-1 所示。

表 7-1　文件的规范类型及规范参数

规范类型	规范参数
文件格式	*.jpg
文件尺寸	1000 像素 ×1466 像素
文件分辨率	72 像素 / 英寸
颜色彩模式	RGB
文件大小（储存空间）	＜ 20MB

环节二　任务启动

本任务分为任务实施前、任务实施中、任务实施后 3 个环节，如图 7-2 所示。

任务实施前，要从全局出发对任务进行分析并制订计划，提出决策方案。

第一步，分析任务。对任务进行需求分析，将客户提出的需求分解为具体的子任务；运用调查法或观察法进一步分析，明确任务目标；从专业设计师的角度进行创意分析，明确任务的定位与侧重点；预估在任务实施过程中所需的知识与技能。

第二步，制订计划。将各项任务进一步具体化，揭示任务中的要素、关

笔记

系及要求。例如，根据任务目标确认文件规格，规划时间进度，描述设计风格与场景，最终形成一份完整的实施计划。

第三步，决策方案。根据任务计划制定任务实施流程，绘制创意草图。

任务实施时，首先要学习相关的知识和技能，确保自身具备独立完成本任务的知识基础和技术技能，然后按流程独立完成作品设计与制作，并对细节进行打磨。

任务完成后，还需要对作品成果进行评估，查看其是否符合客户需求；进行复盘讨论，总结项目经验。建议对拓展项目进行练习，进一步检验自身对基础知识的掌握程度，以及对技能的迁移和创新能力。

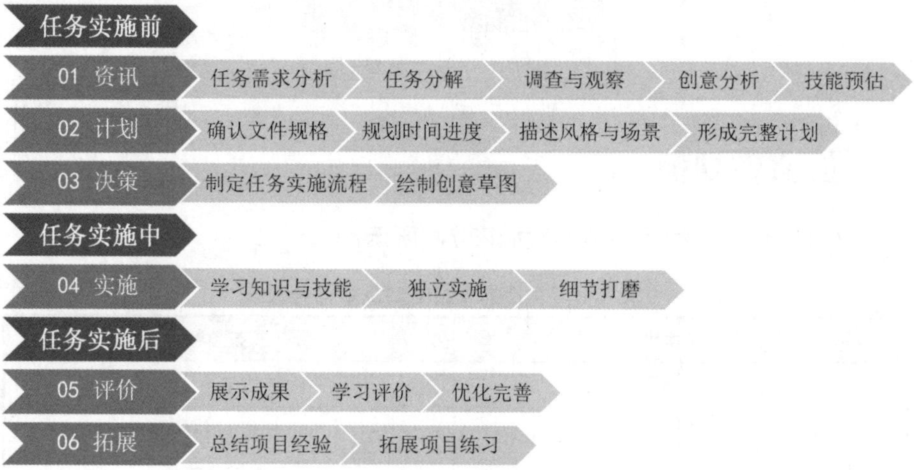

任务实施前

01 资讯	任务需求分析	任务分解	调查与观察	创意分析	技能预估
02 计划	确认文件规格	规划时间进度	描述风格与场景	形成完整计划
03 决策	制定任务实施流程	绘制创意草图

任务实施中

| 04 实施 | 学习知识与技能 | 独立实施 | 细节打磨 |

任务实施后

| 05 评价 | 展示成果 | 学习评价 | 优化完善 |
| 06 拓展 | 总结项目经验 | 拓展项目练习 |

图 7-2　任务环节

📖 任务分析

本任务要设计制作一幅以"逐梦航天，合作共赢"为主题的线上推广图，该图要具有独特的创意和较强的视觉冲击力，并以现代时尚的幻境风格吸引年轻人的注意。

请根据以上要求进行任务分析，分析内容包括但不限于如下几个方面。

（1）任务描述与分解：对本任务做简要描述，明确任务目标与侧重点，并将任务分解为多个子任务。

（2）创意分析：从创新角度提出本任务的设计创意或独特想法，如独特的画面元素、新的表现手法等。

（3）技能预估：对本任务进行技能预估，明确完成本任务可能会使用的工具与命令、方法与技巧，如滤镜库、常见滤镜的使用方法和技巧等。

（4）调查与观察：结合任务描述、创意分析和技能预估，提出要完成本任务可能存在的问题。

（5）制订任务计划：明确任务文件规格与时间进度安排，根据应用场景明确设计风格及其他要求。

（6）制定任务流程：根据任务计划制定任务流程，绘制任务草图。

请将以上分析内容按类型和要求填写在后面的"幻境创意设计任务分析"、"幻境创意设计任务计划"和"幻境创意设计任务流程图与草图"表格中。

幻境创意设计任务分析如表 7-2 所示。

表 7–2 幻境创意设计任务分析

任务描述		
任务分解	子任务 1	
	子任务 2	
	子任务 3	
	子任务 4	
	子任务 5	
创意分析		
技能预估		
调查与观察	问题 1	
	问题 2	
	问题 3	
	其他观察	

序号：　　　　　姓名：　　　　　填写日期：　　　年　　月　　日

笔记

目 任务计划

幻境创意设计任务计划如表 7-3 所示。

表 7-3　幻境创意设计任务计划

文件规格	宽度（单位：　　　）	高度（单位：　　　）	分辨率
时间进度	事项		时间（单位：　　　）
应用场景			
设计风格			
其他要求			

序号：　　　　　　　姓名：　　　　　　　填写日期：　　　年　　月　　日

📖 任务流程

幻境创意设计任务流程图与草图如表 7-4 所示。

表 7–4　幻境创意设计任务流程图与草图

要求：将任务按照实施步骤或以思维导图的方式拆分为多个流程节点

序号：　　　　　　姓名：　　　　　　填写日期：　　　年　　月　　日

环节三　知识笔记

7.1　滤镜概述

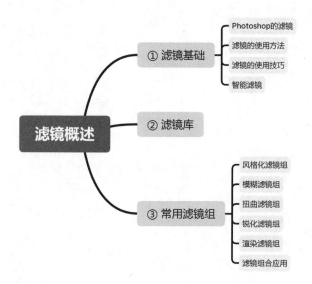

知 识 脉 络

本节我们将学习滤镜的基础知识，包括滤镜基础、滤镜库、常用滤镜组等。通过学习这些基础知识，学生能够更快、更准确地处理图像。

知 识 学 习

7.1.1　滤镜基础

1.Photoshop 的滤镜

滤镜是 Photoshop 中的一种插件模块，通过改变图像上原有的像素位置或颜色，生成各种特殊效果。滤镜是可以把普通的图像制作成油画、水彩、素描、浮雕等非凡视觉艺术作品的"魔术师"。

1）内置滤镜

Photoshop 自带的滤镜统称为内置滤镜，用于创建各种图像特效并编辑图像。例如，液化滤镜用于改变图像的形状和比例，模糊和锐化滤镜用于提高或降低图像的清晰度。

笔记

2）外挂滤镜

外挂滤镜是由第三方厂商开发的插件，可以插件的形式安装在 Photoshop 中，这些滤镜具有强大的功能。例如，Color Efex Pro 滤镜提供专业的图像风格化处理，Xenofex 滤镜可以制作玻璃、墙、拼图、闪电等效果，为图像创意设计提供了更多的可能性。

2. 滤镜的使用方法

选择要应用滤镜的图像，在"滤镜"菜单中任意选择滤镜，即可为该图像应用滤镜特效。也可以调节滤镜参数设置不同的滤镜效果。在不同尺寸、分辨率的图像上设置相同的滤镜及滤镜参数，产生的效果也可能会有差异。此外，滤镜还可以应用于图层蒙版、快速蒙版及通道上，在通道中应用"锐化"滤镜的效果如图 7-3 所示。

图 7-3 在通道中应用"锐化"滤镜的效果

3. 滤镜的使用技巧

（1）将参数恢复到初始状态：在任意滤镜对话框中，若按住 Alt 键，则"取消"按钮会变为"复位"按钮，如图 7-4 所示。

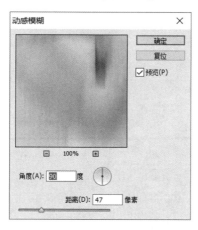

图 7-4 "取消"按钮变为"复位"按钮

（2）重复使用滤镜：若在使用一次滤镜后效果不理想，则可以按快捷键

Ctrl+Alt+F 来重复使用当前滤镜，对图像效果进行进一步的调整和修改。

（3）渐隐滤镜效果：若滤镜效果过于强烈，则可以按快捷键 Ctrl+Shift+F 来渐隐使用的滤镜效果，使其变得更加自然。

4. 智能滤镜

应用滤镜是一种对图像像素的破坏行为，为了避免原始图像受到损伤，建议在应用滤镜前先复制一个图层作为副本，或者将图像转换为智能对象，对智能对象应用的滤镜就是智能滤镜。智能滤镜不会对原始图像造成任何损伤，只会将滤镜效果应用于智能对象图层，如图 7-5 所示。

图 7-5　智能滤镜

7.1.2　滤镜库

常用的滤镜组合在一起就形成了滤镜库，在其中以折叠菜单的形式显示滤镜，如图 7-6 所示。每一个滤镜效果都可以在滤镜库中直观预览，并且能够以图层的形式使用滤镜。多个滤镜叠加使用时，可以通过调整滤镜顺序来控制它们的显示或隐藏。

图 7-6　滤镜库面板

笔记

7.1.3　常用滤镜组

Photoshop 中的常用滤镜组可以创建不同效果以满足不同的图像处理需求。在菜单栏中选择"滤镜"命令可查看常用滤镜组，如 3D、风格化、模糊、模糊画廊、扭曲、锐化、视频、像素化、渲染等，如图 7-7 所示。

图 7-7　常用滤镜组

1．风格化滤镜组

风格化滤镜组包括查找边缘、等高线、风等，可以产生绘画和印象派效果的 9 种滤镜，如图 7-8 所示。

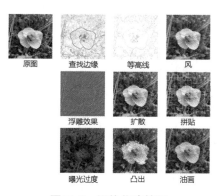

图 7-8　风格化滤镜组

（1）查找边缘：该滤镜通过自动调整高反差边界亮度，使其变亮，同时将低反差边界调暗。对于其他区域，则会根据反差程度，在亮与暗之间进行调整，使硬朗的边缘变成清晰的线条，使柔和的边缘线条变粗，形成一个对比度变化强烈且清晰的轮廓。

✎ 笔记

（2）等高线：该滤镜在查找图像中主要变亮区域的同时，会为每个颜色通道勾勒出主要亮度区域，从而获得类似等高线图的效果。

（3）风：该滤镜通过在图像中增加不同程度的水平线来模拟风吹效果，它只在水平方向上对图像产生作用。此外，也可以通过旋转图片的方式来产生其他方向的风吹效果。

（4）浮雕效果：该滤镜可以降低勾画图像或选区主要轮廓周围的色值，同时提高轮廓的明暗对比度，从而生成凸起和凹陷的浮雕效果。

（5）扩散：该滤镜可以按照规定的方式和规律移动图像中相邻的像素，从而产生一种类似透过磨砂玻璃观察图像的分离模糊效果。

（6）拼贴：该滤镜可以在保留原始图像基本效果的基础上，通过设置不同的拼贴数值和位移值，使图像以块状形式偏离原来的位置，从而达到拼贴图像的效果。

（7）曝光过度：该滤镜通过混合图像的负片和正片，模拟因光线强度而产生的过度曝光的摄影效果。

（8）凸出：该滤镜将图像分为一系列大小相同的立方体或锥形体，并将它们以有机重叠的方式放置在一起，从而创造出一种特殊的三维效果。

（9）油画：该滤镜可以模拟油画的绘画风格，通过调整画笔的样式及光线的方向和亮度，实现不同的油画效果。

2．模糊滤镜组

模糊滤镜组主要用于提供各种模糊效果，包括表面模糊、动感模糊、方框模糊、高斯模糊、模糊、径向模糊、镜头模糊、特殊模糊、形状模糊等滤镜，如图 7-9 所示。

图 7-9　模糊滤镜组

（1）表面模糊：该滤镜能够在保留图像边缘的同时进行图像模糊，从而消除杂色或颗粒，通常用于为人物图像进行简单磨皮。

（2）动感模糊：该滤镜可以根据制作效果的需要，沿指定方向、指定强度对图像进行模糊处理。它产生的效果类似于给移动的对象拍照时产生的模糊效果，可以用于表现对象的速度感。

（3）高斯模糊：该滤镜可以通过设置半径参数，使图像产生一种朦胧的效果，它是一种非常常用的模糊滤镜。

（4）径向模糊：该滤镜可以模拟缩放或旋转相机所产生的柔化模糊效果，也可以用于模拟轮子转动时的动态效果。

（5）镜头模糊：该滤镜可以通过向图像中添加模糊的方式，使图像产生更窄的景深效果。在使用此滤镜处理照片时，可以使图片中的一些对象处于焦点内，其他对象则变得模糊，从而创造景深效果。

3．扭曲滤镜组

扭曲滤镜组主要用于营造图像的几何扭曲效果，包括波浪、波纹、极坐标、挤压、切变、球面化、水波、旋转扭曲等滤镜，如图7-10所示。

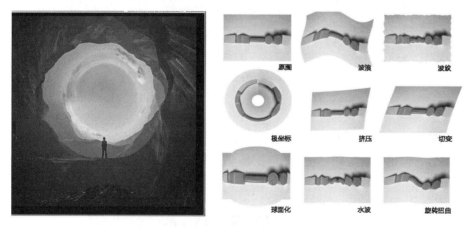

图7-10　扭曲滤镜组

（1）波浪：该滤镜的工作方式与波纹滤镜的相同，都是用于创建波状起伏的图案，生成波浪与波纹效果的。

（2）极坐标：该滤镜可以使图像在平面坐标和极坐标之间相互转换。例如，在Photoshop CC 2017版本的启动图片中就使用了极坐标滤镜，将起伏的山峰变换为环绕叠嶂的效果。

4．锐化滤镜组

锐化滤镜组主要用于增强图像对象的清晰度，提高照片的锐度。根据不同的需求，可选择多种不同形式的锐化滤镜，如锐化、进一步锐化、USM 锐化、防抖、锐化边缘、智能锐化等。

在锐化时，图像像素的改变可能会导致图像发生一定程度的颜色变化。为了避免这种情况出现，建议在进行锐化之前，将图像的颜色模式转换为 Lab。在 Lab 颜色模式下，a 通道表示从绿色到红色的变化，b 通道表示从蓝色到黄色的变化，L 通道表示明度的变化，不包含任何颜色。因此，只要对 L 通道进行锐化，就不会改变图像的颜色。

【即时练习】锐化案例练习

首先将图像的颜色模式转换为 Lab，然后在对 L 通道进行锐化时，选择一个合适的锐化滤镜，并进一步优化和完善，如图 7-11 所示。

图 7-11　使用 L 通道进行锐化

5. 渲染滤镜组

渲染滤镜组主要用于营造氛围，制作云彩、闪电、折射图案、各种光效等特效，包括分层云彩、光照效果、镜头光晕、纤维、云彩等滤镜，如图 7-12 所示。

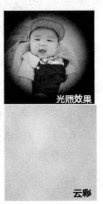

图 7-12　渲染滤镜组

6. 滤镜组合应用

图 7-13 中展示了应用各种滤镜设计制作的创意作品。滤镜的应用非常丰富，将各种滤镜效果相互组合叠加，发挥自身创意，就能制作出许多效果独特的特效作品。

笔记

图 7-13　滤镜组合应用

7.2　滤镜应用

知 识 脉 络

本节将学习滤镜的应用，包括置换滤镜、极坐标滤镜和液化滤镜等。通过学习这些基础知识，学生能够更快、更准确地制作特殊效果。

知 识 学 习

7.2.1　置换滤镜

要查看某种纹样在衣服上的显示效果，通常会将该纹样置入衣服，但由

笔记

于衣服上有褶皱、扭曲和光影，所以置入的纹样会显得突兀，但置换滤镜可以模拟纹样随衣服褶皱变化的效果。

【即时练习】置换滤镜案例

使用置换滤镜制作上衣纹样，如图 7-14 所示，具体操作流程请扫描二维码查看。

图 7-14　使用置换滤镜制作上衣纹样

7.2.2　极坐标滤镜

极坐标滤镜可以将图像从平面坐标中转换到极坐标中，或者从极坐标中转换到平面坐标中，实现图像的相互转换。

【即时练习】"城市星球"案例

使用极坐标滤镜制作"城市星球"效果，如图 7-15 所示，具体操作流程请扫描二维码查看。

图 7-15　使用极坐标滤镜制作"城市星球"效果

7.2.3　液化滤镜

　　液化滤镜主要用于制作类似液化图像的变形效果，如火焰、人物的面部和身形等。液化滤镜工具组中的常用工具有向前变形工具、重建工具、冻结蒙版工具、解冻蒙版工具等，如图 7-16 所示。

　　向前变形工具是液化时的高频使用工具，用于对图像对象进行变形操作。在使用该工具时，需要注意设置合适的画笔参数。重建工具用于解除任意的液化变形效果。冻结蒙版工具用于冻结区域，避免误操作。解冻蒙版工具用于解除冻结区域。

Tips

　　在使用液化滤镜之前，建议先建立选区，这样在启动液化滤镜时，只会对选区中的对象进行液化处理，减少对系统资源的占用，从而提高处理效率。

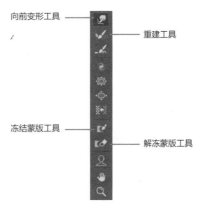

图 7-16　液化滤镜工具组

【即时练习】人像广角变形修饰

　　由于人物的头部位于镜头的广角端，产生了明显的变形，使得小朋友看起来像是"大头娃娃"，这时可以使用液化滤镜来修复这种变形，如图 7-17 所示。

图 7-17　人像广角变形修饰

环节四　设计执行

📖 设计贴士

像探索宇宙奥秘一样探索滤镜特效

中国航天日（Space Day of China）是为了纪念中国航天事业成就，发扬中国航天精神而计划设立的一个纪念日。其主旨是铭记历史、传承精神，激发全民尤其是青少年崇尚科学、探索未知、敢于创新的热情，为实现中华民族伟大复兴的中国梦凝聚强大力量。制作"中国航天日"线上推广图的创意思路可以围绕以下几点展开。

1. 明确主题：推广图的首要任务是明确并突出"中国航天日"和航天科技的主题，可以使用火箭、卫星、空间站、宇航员等航天元素作为设计基础。

2. 色彩搭配：在色彩搭配上，可以使用蓝色或黑色作为背景色，以此象征宇宙的深邃和神秘。同时，可以使用金色或银色来突出航天器的光泽和科技感。

3. 图像设计：在图像设计上，可以考虑使用中国航天器的真实照片或插画，如长征系列火箭、天宫空间站等，这些元素既能体现中国的航天实力，又能增强推广图的视觉效果。

4. 文字设计：在文字设计上应简洁有力，迅速传达核心信息。在字体选择上，可以使用具有科技感的字体，如简洁的线条字体或现代的无衬线字体。

5. 版面布局：在版面布局上，可以考虑使用对称或动态的布局方式，以突出主题并吸引观众的注意力。同时，要注意文字与图像的和谐统一，避免画面过于拥挤或过于空旷。

6. 创新元素：为了提高推广图的吸引力，可以考虑加入一些创新元素，如利用增强现实技术为观众带来不同视角下的独特体验。

在创意设计的旅途中，不妨多多探索各种滤镜的奥秘，尝试将它们以不同的顺序巧妙叠加，或许在这一过程中，会收获意想不到的惊喜。探索滤镜特效的过程，恰似探索浩瀚宇宙的无尽奥秘，充满了未知与新奇，每一步都可能揭示令人叹为观止的新世界。

📖 任务实施

一切准备就绪后，就可以制作幻境创意设计海报了。在制作前，建议学生先梳理制作的主要流程。具体的制作流程请扫描二维码查看。

环节五　评估总结

📖 测试评估

一、单选题

1. 重复使用滤镜的快捷键为（　　　）。

　　A．Alt+F　　　　　　　　　　B．Ctrl+Alt+F

　　C．Shift+F　　　　　　　　　D．Ctrl+Shift+F

2. 渐隐滤镜效果的快捷键为（　　　）。

　　A．Alt+F　　　　　　　　　　B．Ctrl+Alt+F

　　C．Shift+F　　　　　　　　　D．Ctrl+Shift+F

3. 要营造汽车飞速向前移动的效果，可以对车身使用（　　　）滤镜。

　　A．表面模糊　　B．高斯模糊　　C．动感模糊　　D．径向模糊

4. 要营造汽车飞速向前移动的效果，可以对汽车轮胎使用（　　　）滤镜。

　　A．表面模糊　　B．高斯模糊　　C．动感模糊　　D．径向模糊

5. 面对品质较低的图像，要去掉图像中的噪点使图像更平滑，可以使用（　　　）滤镜。

　　A．表面模糊　　B．高斯模糊　　C．动感模糊　　D．径向模糊

6. 要让图像更清晰，可使用（　　　）滤镜。

　　A．高斯模糊　　B．极坐标　　　C．智能锐化　　D．照亮边缘

二、多选题

1. 在 Photoshop CC 2017 及以上版本中，属于内置滤镜的是（　　　）。

　　A．ACR 滤镜　　　　　　　　　B．高反差保留

　　C．Nik Collection　　　　　　　D．液化滤镜

2. 滤镜可应用于（　　　）。

　　A．可见图层　　　　　B．图层蒙版　　　　　　　C．通道

3. 要在白色 T 恤上添加逼真的纹样，并呈现原来白色 T 恤的光影和扭曲，可使用哪种滤镜和混合模式？（　　　）

　　A．滤镜：波纹　　　　　　　　B．滤镜：置换

　　C．混合模式：滤色　　　　　　D．混合模式：正片叠底

三、判断题

Photoshop 中的滤镜是一种插件模块，通过改变图像上原有的像素位置或颜色来生成各种特殊效果。　　　　　　　　　　　　　　　　（　　　）

笔记

🔛 自我评定

项目	自评分				
	1分 很糟	2分 较差	3分 还行	4分 不错	5分 很棒
能区分锐化滤镜组中各滤镜的差异					
能区分模糊滤镜组中各滤镜的差异					
能根据相应的需求选择对应的滤镜					
能分辨成品图中应用的滤镜类型					
了解智能滤镜的优缺点					
对本章快捷键的掌握情况					
对创作思路的理解					
能基于客户需求，发散思维，解决问题					
自我评定					

序号：　　　　　　姓名：　　　　　　填写日期：　　　年　　月　　日

环节六　拓展练习

拓展练习的参考效果如图 7-18 和图 7-19 所示，设计要求、设计思路与实施流程请扫描二维码查看。

📖 拓展练习 1　微观场景合成

图 7-18　微观场景合成

📖 拓展练习 2　玄幻主题合成

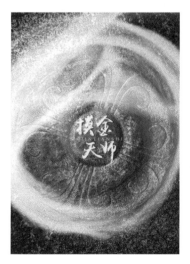

图 7-19　玄幻主题合成

任务资讯

任务演示

任务实施

→ **任务八　产品手提袋设计**

环节一　任务描述

本任务主要运用 Photoshop 的通道，根据客户需求完成产品手提袋设计。为了完成本次任务，我们将学习手提袋的结构与常用尺寸、纸张开本、印刷工艺，以及通道的概念和类型，绘制手提袋展开图和应用通道，进行基本操作、调色与抠图。

本任务的目标如下所示。

任务名称	产品手提袋设计	建议学时	6
任务准备	Photoshop、思维导图软件、签字笔、铅笔		
目标类型	任务目标		
知识目标	1. 掌握手提袋结构图的设计与绘制方法		
	2. 掌握通道的概念与类型		
	3. 掌握通道调色、抠图等应用的思路、方法与技巧		
能力目标	1. 具备绘制手提袋结构图的能力		
	2. 具备使用通道进行基本操作、调色与抠图的能力		
	3. 具备初步的信息搜索能力与审美		
职业素养目标	1. 具有规范设计与创新探索的意识		
	2. 具有主动思考与主动学习的意识		
	3. 具有节约资源的环保理念		

📖 任务情景

"浮岛平面设计工作室"承接了"芙蓉"产品手提袋设计的任务。"芙蓉"是某公司新推出的主打天然植物护发的品牌，为宣传其天然植物理念，需要为旗下产品设计包装瓶和手提袋。公司已经完成了"芙蓉"品牌产品液体包装瓶的模型设计，需要在此基础上完成产品包装瓶的外观设计和手提袋设计，并通过效果图进行展示。

手提袋的成品尺寸为 280mm×320mm×80mm，参考效果如图 8-1 所示。

图 8-1　参考效果

文件规范

文件的规范类型及规范参数如表 8-1 所示。

表 8-1　文件的规范类型及规范参数

规范类型	规范参数
文件格式	*.jpg
文件尺寸	4500 像素 ×2750 像素
文件分辨率	300 像素 / 英寸
颜色模式	CMYK
文件大小（储存空间）	＜ 8MB

环节二　任务启动

本任务分为任务实施前、任务实施中、任务实施后 3 个环节，如图 8-2 所示。

任务实施前，要从全局出发对任务进行分析并制订计划，提出决策方案。

第一步，分析任务。对任务进行需求分析，将客户提出的需求分解为具体的子任务；运用调查法或观察法进一步分析，明确任务目标；从专业设计师的角度进行创意分析，明确任务的定位与侧重点；预估在任务实施过程中所需的知识与技能。

第二步，制订计划。将各项任务进一步具体化，揭示任务中的要素、关系及要求。例如，根据任务目标确认文件规格，规划时间进度，描述设计风格与场景，最终形成一份完整的实施计划。

第三步，决策方案。根据任务计划。制定任务实施流程，绘制创意草图。

任务实施时，首先要学习相关的知识和技能，确保自身具备独立完成本

笔记

任务的知识基础和技术技能，然后按流程独立完成作品设计与制作，并对细节进行打磨。

任务完成后，还需要对作品成果进行评估，查看其是否符合客户需求；进行复盘讨论，总结项目经验。建议对拓展项目进行练习，进一步检验自身对基础知识的掌握程度，以及对技能的迁移和创新能力。

图 8-2　任务环节

📖 任务分析

本任务要设计制作一幅手提袋展开图，公司已经完成了"芙蓉"品牌产品液体包装瓶的模型设计，要求在此基础上完成产品包装瓶的外观设计和手提袋设计，并通过效果图进行展示。

请根据以上要求进行任务分析，分析内容包括但不限于如下几个方面。

（1）任务描述与分解：对本任务做简要描述，明确任务目标与侧重点，并将任务分解为多个子任务。

（2）创意分析：从创新角度提出本任务的设计创意或独特想法，如独特的画面元素、新的表现手法等。

（3）技能预估：对本任务进行技能预估，明确完成本任务可能会使用的工具与命令、方法与技巧，如通道抠图和调色的方法与技巧等。

（4）调查与观察：结合任务描述、创意分析和技能预估，提出要完成本任务可能存在的问题。

（5）制订任务计划：明确任务文件规格与时间进度安排，根据应用场景明确设计风格及其他要求。

（6）制定任务流程：根据任务计划制定任务流程，绘制任务草图。

笔记

请将以上分析内容按类型和要求填写在后面的"产品手提袋设计任务分析"、"产品手提袋设计任务计划"和"产品手提袋设计任务流程图与草图"表格中。

产品手提袋设计任务分析如表 8-2 所示。

表 8-2　产品手提袋设计任务分析

任务描述		
任务分解	子任务 1	
	子任务 2	
	子任务 3	
	子任务 4	
	子任务 5	
创意分析		
技能预估		
调查与观察	问题 1	
	问题 2	
	问题 3	
	其他观察	

序号：　　　　　姓名：　　　　　填写日期：　　　年　　月　　日

笔记

🔳 任务计划

产品手提袋设计任务计划如表 8-3 所示。

表 8-3　产品手提袋设计任务计划

文件规格	宽度（单位：　　）		高度（单位：　　）	分辨率
时间进度	事项			时间（单位：　　）
	应用场景			
	设计风格			
	其他要求			

序号：　　　　　　姓名：　　　　　　填写日期：　　　年　　月　　日

📖 任务流程

产品手提袋设计任务流程图与草图如表 8-4 所示。

表 8–4 产品手提袋设计任务流程图与草图

要求：将任务按照实施步骤或以思维导图的方式拆分为多个流程节点

序号：　　　　　　姓名：　　　　　　填写日期：　　　年　　月　　日

笔记

笔记

环节三　知识笔记

8.1　通道基础与应用

知 识 脉 络

本节将学习通道的基础知识与应用，包括通道基础、颜色通道、Alpha 通道和专色通道等。通过学习这些基础知识，学生能够更快、更准确地处理图像。

知 识 学 习

8.1.1　通道基础

1. 通道的概念

Photoshop 中的通道用于存储不同类型的灰度图像信息，这些信息包括颜色信息和选区信息。在通道中，信息以 256 阶的灰度形式进行记录，其中，黑色代表值为 0 的信息，白色代表值为 255 的信息。

图像文档的通道可以在通道面板中查看，通道的模式与文档的模式相关联，如图 8-3 所示的通道是典型的 RGB 通道。

图 8-3　RGB 通道

2．通道的类型

通道主要有颜色通道、Alpha 通道和专色通道 3 种常见类型。颜色通道主要用于保存图像颜色信息；Alpha 通道主要用于制作和保存选区；专色通道主要用于特殊印刷工艺，如专色印刷或 UV 烫金、烫银等，是限定特殊工艺应用范围的专色版。

8.1.2　颜色通道

1．颜色通道的概念

颜色通道是用于保存图像颜色信息的工具。颜色通道包括一个混合通道和若干个单色的颜色通道，每个颜色通道都对应图像中的一种颜色。在每个颜色通道中，显示的都是与之对应的颜色信息，如 RGB 颜色模式下有红色通道、绿色通道和蓝色通道。当单击某个颜色通道时，会选中该通道并使图像仅显示在该通道中保存的颜色信息。RGB 颜色模式下的 3 个颜色通道，如图 8-4 所示。CMYK 颜色模式下的 4 个颜色通道，如图 8-5 所示。

图 8–4　RGB 颜色模式下的 3 个颜色通道　图 8–5　CMYK 颜色模式下的 4 个颜色通道

2．RGB 颜色通道

在 RGB 颜色模式中，颜色是以红、绿和蓝 3 种颜色通道来存储的，如图 8-6 所示。这 3 种颜色通道组合在一起形成的 RGB 通道被称为复合通道，它也是颜色通道，所显示的内容是红、绿、蓝 3 个颜色通道叠加在一起的效果，即当前的图像。

3．CMYK 颜色通道

在 CMYK 颜色模式中，颜色是以青色、洋红、黄色和黑色 4 种颜色通道来存储的，如图 8-7 所示。

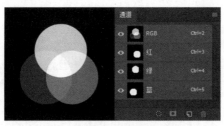
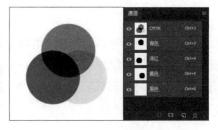

图 8-6　RGB 颜色模式　　　　　图 8-7　CMYK 颜色模式

4. 颜色通道的明暗度与使用量的关系

通道是以灰度图像来表示某种颜色的，不同的灰度值代表某种颜色的用量不同。当打开 RGB 图像并选择不同的颜色通道时，可以发现如下规律：红色通道中白色区域的像素在复合通道中会显示为红色；绿色通道中白色区域的像素在复合通道中会显示为绿色；蓝色通道中白色区域的像素在复合通道中会显示为蓝色。当两个通道相交时，它们会合成新的颜色。例如，红色通道和绿色通道相交区域的像素在混合通道中会显示为黄色。如果 3 个通道都相交在同一个像素上，那么它们会合成白色。对于 CMYK 颜色模式则正好相反，某个单色通道中黑色区域的像素，在复合通道中会显示为该通道对应的颜色，如青色通道中黑色区域的像素在复合通道中会显示为青色，而白色区域的像素在复合通道中不包含任何青色。

【即时练习】使用 RGB 颜色通道调色

当图像存在整体颜色偏差时，可以选择其中一个颜色通道进行校正。例如，要想在 RGB 颜色模式下增加蓝色，则可以打开"曲线"对话框并选择"蓝色通道"，之后增强蓝色通道的亮度，如图 8-8 所示。也可以使用同样的方法制作偏色的特殊效果。

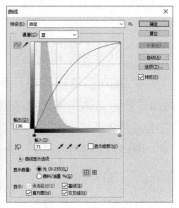

图 8-8　使用 RGB 颜色通道调色

笔记

8.1.3　Alpha 通道

1. Alpha 通道的概念

Alpha 通道的主要功能是创建和保存选区，如图 8-9 所示。对于在图层中难以获取的选区，可以巧妙地使用 Alpha 通道来获取。同时，也可以将任意选区以 Alpha 通道的形式保存起来，以便后续随时调用。

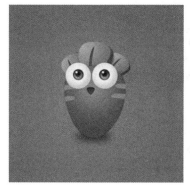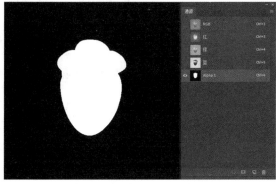

图 8-9　使用 Alpha 通道保存选区

2. 创建 Alpha 通道

创建 Alpha 通道有 3 种方法，第 1 种是创建选区后，在选区上右击，选择"存储选区"命令，或在通道面板中单击"将选区存储为通道"按钮，将选区保存为一个 Alpha 通道，如图 8-10 所示；第 2 种方法是单击通道面板底部的"创建新通道"按钮，新建一个 Alpha 通道；第 3 种方法是复制某个颜色通道，将该通道复制为一个新的 Alpha 通道，并将要复制的通道拖曳到"创建新通道"按钮上。

图 8-10　通道面板

【即时练习】通道抠图

通道抠图的主要思想是首先选择一个主体和背景反差最大的通道，并

笔记

复制一个通道副本，以避免修改原始图像的颜色，然后通过"色阶"命令将通道副本调整为黑白二色，这样就可以快速分离主体与背景，完成抠图，如图 8-11 所示。具体操作请扫描二维码查看。

图 8-11　通道抠图

3．通道放大

对于尺寸较小的书法或印章图像，若直接放大则可能会导致图像不够清晰。此时可以先放大对象，再在通道中抠图。抠图时使用"色阶"命令将通道调整为黑白二色，在此过程中就可以将图像的边缘清晰化，这样就得到清晰放大的书法或印章了，如图 8-12 所示。

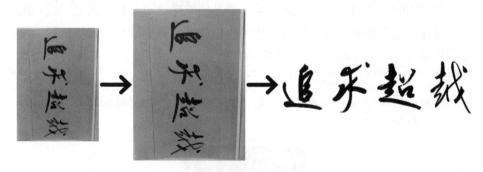

图 8-12　通道放大

3.1.4　专色通道

1．专色通道的概念

专色通道是指定专色油墨印刷的附加印版，用于定义专色印刷区域，便于作品的标准化印制。专色油墨是一种预先混合好的特定彩色油墨，如荧光黄色、珍珠蓝色、金属银色等，它不是由 CMYK 四色叠印出来的，颜色更为准确。潘通色（PANTONE）是一种知名的专色系统，通过 PANTONE 配色系统可以实现颜色的标准化查询，因此成了设计师在与厂商、零售商和客户沟通特定颜色时使用的共通标准，如图 8-13 所示。

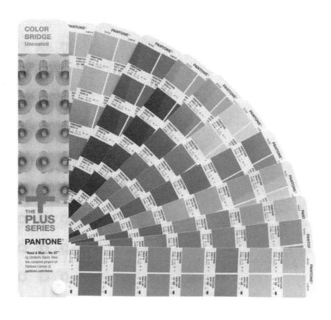

图 8–13　PANTONE 色卡

2. 创建专色通道

在印刷文件中，若要标明某个区域内的专色，如金色 PANTONE 7405 C，则需要将该区域制作成专色通道，并在 PANTONE 色谱中选择该专色来匹配。

创建专色通道，首先要单击"通道控制面板菜单"按钮，选择"新建专色通道"命令，打开"专色通道选项"对话框。在该对话框中，可以添加专色通道，点击颜色后在弹出的"颜色库"对话框中设置专色，如图 8-14 所示。

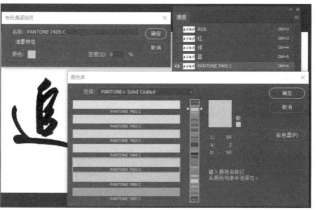

图 8–14　创建专色通道

笔记

8.2 手提袋制作

知识脉络

本节将学习手提袋的结构图设计与绘制，包括制作标准、展开图制作、制作标准与工艺等。通过学习这些基础知识，学生能够更快、更准确地设计产品手提袋。

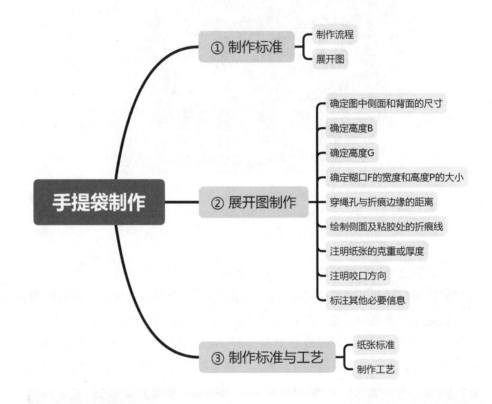

知识学习

8.2.1 制作标准

1. 制作流程

在制作手提袋之前必须与客户进行充分沟通，了解产品的形状和尺寸，确保制作的手提袋能够装下产品，同时也要注意节约纸张。接下来，根据产品的尺寸绘制手提袋的展开图，最后制作手提袋的效果图，由客户确认无误后即可开始印制，如图 8-15 所示。

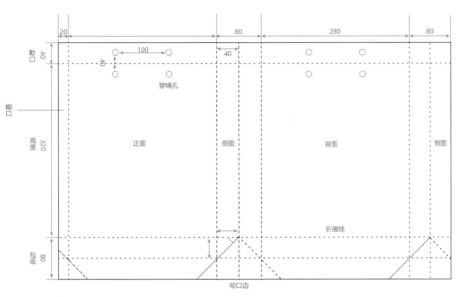

图 8-15　手提袋的展开图和效果图

2. 展开图

展开图是手提袋展开后的图片，如图 8-16 所示。一个手提袋通常由一张纸折叠而成，其组成部分包括正面、背面、侧面、包底、勒口、糊口和穿绳孔。在绘制展开图时，需要考虑这些部分的相对位置和尺寸。

包底需要折叠，折痕为 45°。糊口用于粘贴，部分糊口需要注意位置和粘贴方式。此外，还需要考虑手提袋的尺寸和形状，以确保制作出的手提袋能够装下产品并满足客户需求。

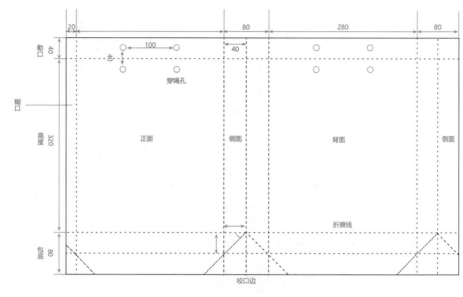

图 8-16　手提袋展开图

8.2.2　展开图制作

1．确定图中侧面和背面的尺寸

如图 8-17 所示，一般来讲，①面的宽度 L 会比③面的宽度 A 小 0.5～1mm。这种设计是为了在粘手提袋时方便内折，同时粘贴面会内缩，可防止因粘贴面边缘靠近折痕而粘贴不牢。

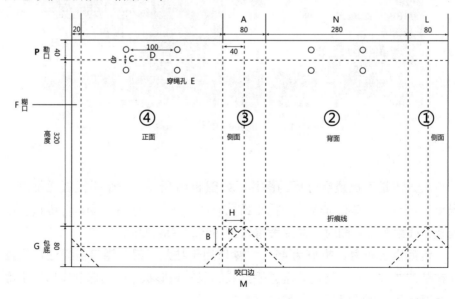

图 8-17　手提袋尺寸图纸

2．确定高度 B

根据③面的宽度 A，可以确定正反面折痕处与下端的距离 B。由于 K 处的角度为 45°，因此高度 B 应该是宽度 A 的一半。

3．确定高度 G

手提袋底部单边纸张的高度 G 一般是高度 B 的 1.5 倍至 2 倍，主要是为了确保粘胶的牢固性。这个距离可以根据实际印刷纸张的大小进行调整，不会影响手提袋的外观尺寸。注意，高度 G 至少要大于③面的宽度 A 的一半，否则两边无法粘在一起。同时，高度 G 也不能超过宽度 A。

4．确定糊口 F 和勒口 P 的高度

糊口 F 的高度一般为 20mm，但必须小于宽度 A 的一半。在糊口处，必须标明粘胶线并注意保留出血部位（3 ～ 5mm），以免粘胶线与其重叠。根据纸张的宽度可以适当缩小糊口处的宽度。至于手提袋上面勒口的高度 P，一般为 30 ～ 40mm。

5．穿绳孔与折痕边缘的距离

穿绳孔与折痕边缘的距离一般为 20 ～ 25mm，没有固定的限制。在打孔时需要避开关键的图文部分，以免影响外观。两个穿绳孔间的距离一般为手提袋宽度的 1/3。需要注意的是，版面上共有 8 个穿绳孔，并且以上边缘对称。

6．绘制侧面及粘胶处的折痕线

在绘制展开图时，应注意对应地画出侧面和粘胶处的折痕线，否则无法正确折叠盒子。

7．注明纸张的克重或厚度

注明纸张的克重或厚度，以便于刀版厂确定刀和线的高度。在一般情况下，手提袋使用的是 250 ～ 300g 的卡纸。其中，250g 的卡纸厚度一般为 0.32mm，而 300g 的卡纸厚度一般为 0.42mm。

8．注明咬口方向

注明咬口方向，以确保刀版咬口与印刷咬口一致。咬口是印品的前端，也称牙口，是印刷机叼纸时的位置。

9．标注其他必要信息

标注其他必要信息如尺寸等，并将箭头指示到位。在完成标注后，需要

笔记

仔细核对，确保同一方向的各段长度之和等于总长度。

经计算，本次手提袋的最终展开尺寸为 740mm×440mm，符合大度丁三开尺寸要求，能够充分利用材料。然而，需要注意的是，勒口、糊口、包底的尺寸可能会有所不同，因此在实际操作中可以根据需要进行调整，以上展开图中的各尺寸仅为参考。

在具体绘制手提袋展开图时，需要特别注意正面和背面的出血设置，一般为 3 ~ 5mm。此外，为了提高绘制效率，可以运用一些技巧。例如，建议使用实线的大矩形绘制外框，使用虚线绘制内框，并设置虚线的分段样式。虚线的分段样式在 Photoshop 中是可以自定义的。

8.2.3　制作标准与工艺

1. 纸张标准

纸张尺寸有两种类型，即正度和大度。这两种尺寸有着不同的规格和用途。大度纸也称 A 类纸，整张纸的尺寸为 889mm×1194mm，可以被裁切成 A1、A2、A3、A4 等不同规格。正度纸也称 B 类纸，整张纸的尺寸为 787mm×1092mm，可以被裁切成 B1、B2、B3、B4 等不同规格。大度丁三开是指在大度纸中绘制一个"丁"字，其尺寸正好与手提袋展开图的尺寸一致，这样可以最大程度地节约纸张。

Tips

> 常见纸张尺寸
> A1：尺寸 594mm × 841mm
> A2：尺寸 420mm × 594mm
> A3：尺寸 297mm × 420mm
> A4：尺寸 210mm × 297mm（最常用的办公用纸尺寸）
> A5：尺寸 148mm × 210mm
> B1：尺寸 707mm × 1000mm
> B2：尺寸 500mm × 707mm
> B3：尺寸 353mm × 500mm
> B4：尺寸 250mm × 353mm
> B5：尺寸 176mm × 250mm

克重是指单位面积纸张的重量，通常以"克／平方米"表示。纸张的重量可以用定量和令重两种方式来表示。其中，定量是指单位面积纸张的重量，是进行纸张计量的基本依据。定量分为绝干定量和风干定量，前者是指在完

笔记

全干燥、水分等于零的状态下的定量，后者是指在一定湿度下达到水分平衡时的定量。纸张的重量是纸张的一个非常重要的参数，它不仅是进行各种性能鉴定（如强度、不透明度）的基本条件，也是日常应用中纸张分类、定级别的重要依据。然而，这并不代表重量越大的纸张一定越好。

纸张材质有铜版纸、哑粉纸、牛皮纸之分。不同的材质会带来不同的特性，因此建议根据手提袋的用途选择纸张的材质。例如，手提袋通常使用157～250g 的纸张，而名片通常使用250～300g 的纸张。

2. 制作工艺

在制作工艺上，有一些包装会采用特殊的工艺，如烫金、上光、凹凸压印等。烫金是指借助压力和温度，将金属箔或颜料箔按照烫印模板的图文转移到被烫印刷品表面的工艺。上光是指在印刷品表面涂（喷、印）上一层无色透明的涂料，经过流平、干燥、压光、固化等步骤，形成一种薄而均匀的透明光亮层。这种工艺可以增强载体表面平滑度，保护印刷图文的完整性。

不同的工艺会带来不同的展示效果，但也会增加制作成本。因此，在为产品制作手提袋时，需要综合考量选择工艺。

环节四　设计执行

设计贴士

以优秀的设计保护生态

设计师需要对作品的最终呈现效果负责，同时也要关注生产、制作过程中的资源消耗问题和对环境的影响。无论项目大小，每一个设计决策都可能对后期的制作成本造成影响。例如，在包装设计时，我们应努力避免过度包装，并以最优化的设计方案减少纸张浪费。有时即便在发现问题后迅速修正和优化设计方案，也可能导致额外的成本支出，甚至在某些情况下，这些修正和优化措施可能无法实现。

希望每位设计师都能深入调研，全面了解和掌握所设计作品的相关信息，严格遵循行业规范和标准，做出最优决策。这不仅能够降低制作成本，提高工作效率，更能为社会节约宝贵资源。同时，我们需要在设计的每一个环节中都体现出对生态环境的尊重和保护，努力减少对环境的负面影响。

笔记

从材料的选择到生产流程的制定，从设计构思到实际制作，每一个环节都需要我们用心去思考、去权衡。我们应秉持节约资源、保护生态环境的理念，设计、制作每一件作品。只有这样，我们设计的作品才能在满足用户需求的同时，为保护人类生存环境贡献一份微薄力量。

📖 任务实施

一切准备就绪后，就可以设计制作产品手提袋了。在制作前，建议学生先梳理制作的主要流程。具体的制作流程请扫描二维码查看。

环节五　评估总结

📖 测试评估

一、单选题

1．在通常情况下，Photoshop 的 8 位通道可保存多少阶灰度？（　　）

　　A．0　　　　　　B．255　　　　　　C．256　　　　　　D．8

2．对于 RGB 图像，若在红色通道中某处显示较亮，在绿色通道和蓝色通道中该处显示非常暗，则哪种颜色用量较大？（　　）

　　A．红色　　　　B．绿色　　　　C．蓝色　　　　D．黄色

3．对于 CMYK 图像，若在青色通道中，某处显示为黑色，在黄色通道中，该处显示为黑色，在洋红通道中，该处显示为白色，则该处在图像中是什么颜色？（　　）

　　A．红色　　　　B．绿色　　　　C．蓝色　　　　D．青色

　　E．黄色

（4）请将以下通道抠图的思路步骤进行排序（　　）。①选择主体与背景反差最大的通道；②将通道作为选区载入；③通过色阶、画笔等工具，将图片修饰为黑白二色

　　A．①②③　　　　B．①③②　　　　C．②③①　　　　D．②①③

（5）A4（大十六开）纸张的尺寸是（　　　）。

　　A．420mm×570mm　　　　　　B．285mm×420mm

　　C．210mm×285mm　　　　　　D．185mm×260mm

（6）在 RGB 颜色模式的图片中创建 Alpha 通道，在该通道中（　　　）表示对应的像素被选中。

　　A．灰色　　　　B．黑色　　　　C．白色　　　　D．红色

二、多选题

（1）Photoshop 有以下哪些类型的通道？（　　　）

　　A．颜色通道

　　B．Alpha 通道

　　C．专色通道

（2）在 RGB 颜色模式中，图像由以下哪些通道组成？（　　　）

　　A．红色通道

　　B．绿色通道

　　C．蓝色通道

三、判断题

（1）Photoshop 通道存储不同类型信息的灰度图像，可用于记录颜色和选择信息等。（　　　）

（2）对 RGB 颜色模式和 CMYK 颜色模式的图像而言，每个图像都包括了一个混合通道和若干个单色的颜色通道。（　　　）

（3）Lab 颜色模式的 L 通道不包含颜色信息，可用于锐化图像，且不会改变原始图像的颜色。（　　　）

（4）在通道中不能使用滤镜。（　　　）

（5）Alpha 通道主要用于制作与保存选区。（　　　）

（6）在绘制手提袋展开图时，折痕线（刀版线）应该用虚线表示。（　　　）

（7）手提袋有标准尺寸，若要个性化定制，则需要与客户沟通确认，手提袋的成品尺寸应与使用场景匹配。（　　　）

✎ **笔记**

📖 **自我评定**

项目	自评分				
	1分 很糟	2分 较差	3分 还行	4分 不错	5分 很棒
对 RGB 图像各通道的认识					
对纸张开度规范的认识					
能根据印刷或显示终端，设置正确的颜色模式					
能区分印刷中的成品线与折痕线					
能区分纸张的克重与厚度					
了解包装展开图中各个面的实际空间关系					
对本章快捷键的掌握情况					
对创作思路的理解					
能基于客户需求，发散思维，解决问题					
自我评定					

序号：　　　　　　姓名：　　　　　　　　填写日期：　　　年　　月　　日

环节六　拓展练习

拓展练习的参考效果如图 8-18 和图 8-19 所示，设计要求、设计思路与实施流程请扫描二维码查看。

拓展练习 1　月饼盒包装设计

图 8-18　月饼盒包装设计

拓展练习 2　耳机盒包装设计

图 8-19　耳机盒包装设计

情境三　网页与插画设计

Photoshop 在网页设计领域的应用主要体现在图像编辑与修饰、图像合成、平面图设计、网页制作、网站 LOGO 设计及网页的绘制与切割等方面。此外，它还可以用于制作各种类型的运营插画，包括商业广告、海报、宣传画及卡通图画等。通过使用各种绘画工具和图形工具，设计师可以在 Photoshop 中创作出具有吸引力和创意的插画作品。

在"网页与插画设计"情境中，一共有两个工作任务，分别是网页视觉设计和运营插画设计。在完成这些任务的过程中，学习网页设计的基础知识、插画设计所需的构成与色彩基础知识、形状、图层样式、混合模式及笔刷的基本概念和应用场景。

本情境的具体任务与要求如下所示。

任务序号	工作任务	软件技能	参考学时	知识要求	职业能力要求	任务内容
任务九	网页视觉设计	网页基础	6	1. 了解网页设计的常见需求。 2. 掌握网页设计的基础知识。 3. 掌握插画设计所需的构成与色彩基础知识。 4. 熟练掌握形状、图层样式、混合模式、笔刷的基本概念和应用场景	1. 具备获取、处理与综合分析信息的能力。 2. 具备熟练使用图层样式、混合模式、笔刷工具或命令进行操作的能力。 3. 具备根据客户需求完成网页与插画设计的能力	1. 网页与插画设计的常见需求与基础知识。 2. 插画设计所需的构成与色彩基础知识。 3. 形状、图层样式、混合模式、笔刷的基本概念和应用场景
任务十	运营插画设计	手绘基础	6			

本情境各任务的概述和效果图如下所示。

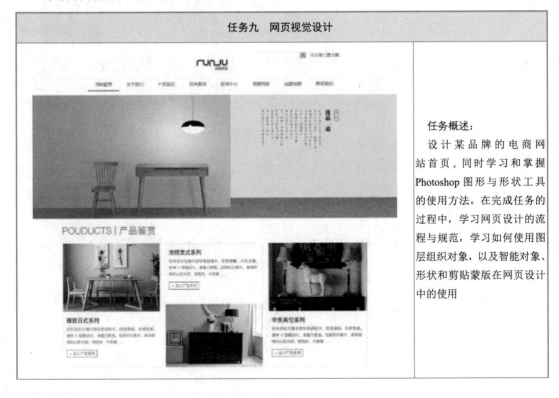

任务九　网页视觉设计

任务概述：

设计某品牌的电商网站首页，同时学习和掌握 Photoshop 图形与形状工具的使用方法。在完成任务的过程中，学习网页设计的流程与规范，学习如何使用图层组织对象，以及智能对象、形状和剪贴蒙版在网页设计中的使用

拓展练习

拓展练习1：电商详情页设计	拓展练习2：电商胶囊图设计

任务十　运营插画设计

任务概述：

　　为某品牌设计运营插画，在完成任务的过程中，学习运营插画的概念、类型和应用场景，以及插画绘制的基本流程、常用工具、方法与技巧

拓展练习

拓展练习1：扁平风格插画设计	拓展练习2：人像转描插画设计

任务资讯

任务演示（1）

任务演示（2）

任务实施

→ 任务九　网页视觉设计

环节一　任务描述

本任务主要学习网页视觉设计的基础知识，根据客户需求，完成网页视觉设计。为了完成本次任务，我们将学习网页设计基础和网页设计原则与规范，并完成电商网站的网页视觉首页图的设计与制作。

本任务的目标如下所示。

任务名称	网页视觉设计	建议学时	6
任务准备	Photoshop、思维导图软件、签字笔、铅笔		
目标类型	任务目标		
知识目标	1. 掌握网页效果图的设计流程与规范		
	2. 掌握文字、智能对象、形状和剪贴蒙版的操作与应用		
能力目标	1. 具备使用图层组织对象的能力		
	2. 具备设计制作网页效果图的能力		
	3. 具备初步的信息搜索能力与审美		
职业素养目标	1. 具有规范设计与创新探索的意识		
	2. 具有主动思考与主动学习的意识		
	3. 具有参与农村电商的热情		

📖 任务情景

"浮岛平面设计工作室"承接了电商网站的页面视觉设计任务。某家居品牌为开展电商业务，要制作品牌网站，经讨论，决定根据企业提供的页面功能，设计页面结构。现要求，页面结构清晰，适用于现有主流设备；页面设计风格简约，符合品牌形象；页面内容排版合理，所展示的图文清晰，符合网页设计规范，参考效果如图9-1所示。

图 9-1 参考效果

笔记

📖 文件规范

文件的规范类型及规范参数如表 9-1 所示。

表 9-1 文件的规范类型及规范参数

规范类型	规范参数
文件格式	*.psd
文件尺寸	1200 像素 ×3000 像素
文件分辨率	72 像素 / 英寸
颜色彩模式	RGB
文件大小（储存空间）	< 8MB

环节二　任务启动

本任务分为任务实施前、任务实施中、任务实施后 3 个环节，如图 9-2 所示。

任务实施前，要从全局出发对任务进行分析并制订计划，提出决策方案。

第一步，分析任务。对任务进行需求分析，将客户提出的需求分解为具体的子任务；运用调查法或观察法进一步分析，明确任务目标；从专业设计师的角度进行创意分析，明确任务的定位与侧重点；预估在任务实施过程中所需的知识与技能。

第二步，制订计划。将各项任务进一步具体化，揭示任务中的要素、关系及要求。例如，根据任务目标确认文件规格，规划时间进度，描述设计风格与场景，最终形成一份完整的实施计划。

第三步，决策方案。根据任务计划制定任务实施流程，绘制创意草图。

任务实施时，首先要学习相关的知识与技能，确保自身具备独立完成本任务的知识基础和技术技能，然后按流程独立完成作品的设计与制作，并对细节进行打磨。

任务完成后，还需要对作品成果进行评估，查看其是否符合客户需求；最后进行复盘讨论，总结经验。建议对拓展项目进行练习，进一步检验自身对基础知识的掌握程度，以及对技能的迁移和创新能力。

任务实施前

| 01 资讯 | 任务需求分析 | 任务分解 | 调查与观察 | 创意分析 | 技能预估 |

| 02 计划 | 确认文件规格 | 规划时间进度 | 描述风格与场景 | 形成完整计划 |

| 03 决策 | 制定任务实施流程 | 绘制创意草图 |

任务实施中

| 04 实施 | 学习知识与技能 | 独立实施 | 细节打磨 |

任务实施后

| 05 评价 | 展示成果 | 学习评价 | 优化完善 |

| 06 拓展 | 总结项目经验 | 拓展项目练习 |

图 9-2　任务环节

📖 任务分析

本任务要为某家居品牌的电商网站设计制作一张网页视觉首页图,要求根据企业提供的页面功能设计页面结构:页面结构清晰,适用于现有主流设备;页面设计风格简约,符合品牌形象;页面内容排版合理,所展示的图文清晰,符合网页设计规范。请根据以上要求进行任务分析,分析内容包括但不限于如下几个方面。

(1)任务描述与分解:对本任务做简要描述,明确任务目标与侧重点,并将任务分解为多个子任务。

(2)创意分析:从创新角度提出本任务的设计创意或独特想法,如独特的画面元素、新颖的表现手法等。

(3)技能预估:对本任务进行技能预估,明确完成本任务可能会使用的工具与命令、方法与技巧,如文字工具、智能对象、形状工具和剪贴蒙版的操作与应用等。

(4)调查与观察:结合任务描述、创意分析和技能预估,提出要完成本任务可能存在的问题。

(5)制订任务计划:明确任务文件规格与时间进度安排,根据应用场景明确设计风格及其他要求。

(6)制定任务流程:根据任务计划制定任务流程,绘制任务草图。

请将以上分析内容按类型和要求填写在后面的"网页视觉设计任务分析"、"网页视觉设计任务计划"和"网页视觉设计任务流程图与草图"表格中。

笔记

网页视觉设计任务分析如表 9-2 所示。

表 9-2　网页视觉设计任务分析

任务描述		
任务分解	子任务 1	
	子任务 2	
	子任务 3	
	子任务 4	
	子任务 5	
创意分析		
技能预估		
调查与观察	问题 1	
	问题 2	
	问题 3	
	其他观察	

序号：　　　　　　　姓名：　　　　　　　填写日期：　　　年　　月　　日

📖 任务计划

网页视觉设计任务计划如表 9-3 所示。

表 9-3　网页视觉设计任务计划

文件规格	宽度（单位：　）	高度（单位：　）		分辨率
时间进度	事项		时间（单位：　）	
应用场景				
设计风格				
其他要求				

序号：　　　　　姓名：　　　　　　填写日期：　　　年　　月　　日

笔记

📖 任务流程

网页视觉设计任务流程图与草图如表 9-4 所示。

表 9–4 网页视觉设计任务流程图与草图

要求：将任务按照实施步骤或以思维导图的方式拆分为多个流程节点

序号：　　　　　　姓名：　　　　　　　　填写日期：　　　年　月　日

笔记

环节三　知识笔记

9.1　网页设计基础

知 识 脉 络

本节将学习网页设计的基础知识，包括网页设计概述、网页结构、网页设计流程。通过学习这些基础知识，学生能够更快、更准确地进行网页视觉设计。

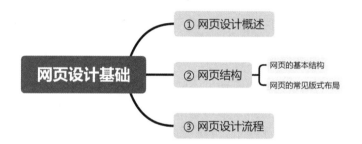

知 识 学 习

9.1.1　网页设计概述

优秀的网页设计对提升企业品牌形象具有重要意义。网页设计主要包括网站功能策划、网页的视觉设计和开发与实现。

网页的视觉设计主要是将各个构成元素，如文字、图形、图像、表格菜单等，在网页中进行规范有效的排版，并从整体上调整各个部分的分布与排列。

网站类型多种多样，如个人网站、企业网站、机构网站、娱乐休闲网站、行业信息网站、购物网站、门户网站等，淘宝购物网站首页如图 9-3 所示。这些不同类型的网站各有特点和用途，能够满足不同领域和群体的需求。

笔记

图 9-3　淘宝购物网站首页

9.1.2　网页结构

1. 网页的基本结构

一个完整的网页通常由页眉、Banner、内容、页脚 4 个主要部分组成。

页眉是网页的顶部区域，通常包括网站标志、导航栏和引导栏等。汽车之家首页的页眉如图 9-4 所示。导航栏是用于链接网站中各个子集页面的重要元素，通常以简短词组的方式呈现，可以横排或竖排。淘宝首页的竖向导航栏如图 9-5 所示。引导栏包含登录、注册、更多等元素，用于引导用户进行操作。

图 9-4　汽车之家首页的页眉

图 9-5　淘宝首页的竖向导航栏

Banner 通常位于网站页眉的下方，主要功能是介绍产品或活动。用户可以通过点击链接来获取更多关于产品或活动的详细信息，其常见形式为图片

笔记

或视频，如图 9-6 所示。

图 9-6　Banner

内容是网站页面的重要组成部分，通常包括页面上的一切可供浏览的信息，常见形式为文字、图片或音频、视频等，如图 9-7 所示。

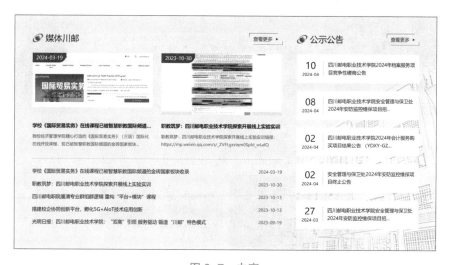

图 9-7　内容

页脚位于网站页面的最底端，通常包含各类许可、备案、授权声明、中英文版权等基础信息，各类网络安全、工商证明、技术支持 Logo，以及内

笔记

外部导航、友情链接等，如图 9-8 所示。

图 9-8 页脚

2．网页的常见版式布局

在组织页眉、Banner、内容、页脚时，可以根据特定的需求采取不同的页面布局，如国字型、拐角型、标题正文型、左右分割型、上下分割型、综合型、封面型等，如图 9-9 所示。其中，上下分割型布局是目前较为常见的一种形式。为了实现这种布局，现代网页设计通常会采用响应式布局。响应式布局可以自动调整网页的布局以适应不同大小的屏幕，提供更好的用户体验。

图 9-9 网页的常见版式布局

9.1.3　网页设计流程

首先要明确设计需求，然后根据设计需求对网页进行全方位的策划，包括整体定位、功能规划、应用分析、流程设计和内容架构组织。接着，绘制出设计草图，待得到客户认可后，完成视觉效果图，包括版式设计、色彩应用、内容安排等。最后，基于这些设计进行切片输出，完成程序设计和功能实现。

对于视觉设计师，其主要工作是参与网页视觉效果图的设计，从绘制草图到确定版式，再到使用软件完成页面的版式构建和内容填充，都需要视觉设计师的参与。此外，视觉设计师还需要对设计进行优化、切片和输出。

9.2　网页设计原则与规范

知 识 脉 络

本节将学习网页设计原则与规范，包括网页设计原则和网页设计规范。通过学习这些基础知识，学生能够更快、更准确地进行网页设计。

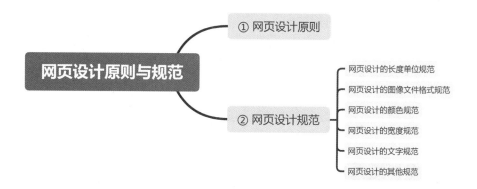

知 识 学 习

9.2.1　网页设计原则

网页设计原则可以总结为统一、连贯、分割、对比、和谐。

统一原则强调网页的整体性和一致性，包括字体、字号、色调和图标元素的统一，以确保网页的视觉协调性。

连贯原则主要关注网页各组成部分在内容及设计风格上的内在联系和相互呼应，以实现视觉上和心理上的连贯性。

分割原则是根据内容和表现形式将页面划分为若干个小块，以确保各小

笔记

笔记

块之间具有视觉上的差异性或相似性，从而实现页面信息的有效、合理分割。

对比原则通过使用各种对比手法，如多与少、曲与直、强与弱、长与短、粗与细、疏与密、虚与实、主与次、黑与白、动与静、美与丑、聚与散等，让设计更有活力。在使用对比手法时，需要慎重处理，避免对比过于强烈而破坏页面美感，影响整体统一。

和谐原则强调从结构形式到最终视觉效果均保持和谐，与人的视觉感受相匹配。

9.2.2 网页设计规范

1. 网页设计的长度单位规范

在网页设计中，通常使用像素或百分比作为长度单位。

2. 网页设计的图像文件格式规范

在网页中通常只能显示位图，不能直接显示矢量图。常见的网页图像文件格式包括PNG、JPEG和GIF等。这些格式各有特点，如PNG支持透明度，JPEG能提供较好的压缩效果，而GIF支持多帧动画。

3. 网页设计的颜色规范

在网页设计中通常使用RGB颜色模式，并在标注颜色时采用十六进制代码，以便更好地配合开发工作。此外，为了确保网页在不同平台上的显示效果与预期一致，会使用Web安全色，如图9-10所示。然而，随着设备的发展，现在已经不需要过多考虑这个问题了。

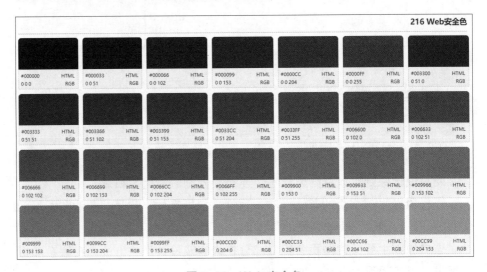

图 9-10　Web 安全色

网页中的色彩方案通常与网站的主题有关。例如，与儿童相关的网站可以使用红色、绿色、蓝色、黄色等鲜亮的颜色，以营造活泼、快乐、有趣的氛围；与科技相关的网站可以选择蓝色，以营造稳定、可靠的氛围，使网站看起来更具科技感。

同时，要避免在一个网页中使用过多的颜色。在对网页进行配色时，可以参考配色网站的配色表，如图 9-11 所示。这些网站通常提供直观的配色方案，可以直接点击配色方案进行查询，并导出色板，如图 9-12 所示。例如，若要为一家销售茶叶的网站配色，则可以选择"高尚、自然、安稳"主题，并推荐使用绿色和棕色等配色方案。在 Photoshop 中，可以使用 Adobe Color Themes 提供的配色方案，如图 9-13 所示。

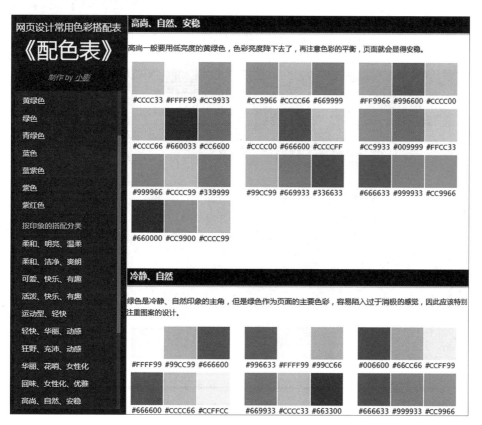

图 9-11　配色表

笔记

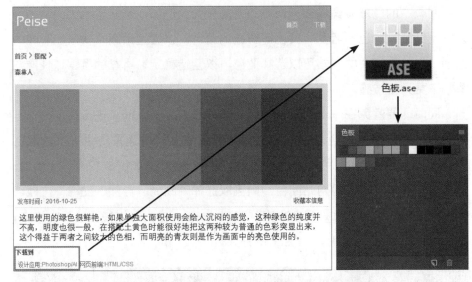

图 9-12   直接点击配色方案进行查询并导出色板

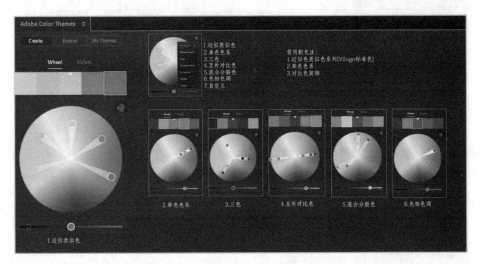

图 9-13   Adobe Color Themes 提供的配色方案

4. 网页设计的宽度规范

网页的宽度设置与屏幕分辨率及浏览器有关。分辨率决定了网页的宽度，为了使大多数用户无须左右拖曳滚动条就能完整地查看网页内容，网页的宽度必须满足一定条件。例如，某网页核心内容区域的宽度为 1000 像素，当使用分辨率为 1366 像素 ×768 像素的计算机打开浏览器查看该网页时，由于浏览器的宽度大于网页宽度，因此能够正常显示整个页面，如图 9-14 所示。

笔记

图 9-14　正常显示网页内容

　　然而，当使用分辨率为 1024 像素 ×768 像素的计算机浏览该网页时，若去掉浏览器垂直滚动条的宽度，则浏览器的宽度将等于网页的宽度。在这种情况下，恰好能够完全显示网页内容，如图 9-15 所示。

图 9-15　恰好完全显示网页内容

　　但是，当使用屏幕分辨率宽度小于 1024 像素的计算机浏览该网页时，若去掉浏览器垂直滚动条的宽度，则浏览器的宽度将小于网页的宽度。在这种情况下，用户将无法看到完整的网页内容，因为部分内容会被截断或隐藏，如图 9-16 所示。

图 9-16　不能正常显示网页

因此，对于网页设计的宽度规范，有 3 个重要的概念需要掌握：网页内容的宽度、屏幕分辨率的宽度和浏览器窗口的宽度。

浏览器窗口的宽度大于或等于网页内容的宽度，这是符合规范的。但是，若浏览器窗口的宽度小于网页内容的宽度，则会出现内容溢出的情况，这是不允许的。

网页宽度和内容安排与第一屏的最大可视区域密切相关。第一屏是指用户首次访问网站时无须滚动屏幕就能看到的内容区域。在不同的浏览器和屏幕分辨率下，第一屏的最大可视区域有所不同。在宽度上，要确保不出现水平滚动条。在高度上，要尽量确保完整显示网页的重要内容，如在 Banner 中正在进行的重要活动等。

关于网页安全宽度有一个快速计算公式：网页安全宽度＝屏幕分辨率的宽度 – 浏览器垂直滚动条的宽度（约 20 像素）。因此，若用户常用的屏幕分辨率最低为 1024 像素 ×768 像素，则在取整原则下，网页安全宽度可以设置为 1000 像素。

在不同的浏览器和屏幕分辨率下，网页第一屏的最大可视区域有所不同，具体数值如表 9-5 所示。

表 9-5　最大可视区域（单位：像素）

浏览器	屏幕			
	一		二	
	1024	768	1366	768
IE	1003（+21）	620（+148）	1365（+21）	620（+148）

续表

浏览器	屏幕			
	一		二	
	1024	768	1366	768
Firefox	1007（+17）	585（+183）	1349（+17）	585（+183）
Opera	1005（+19）	629（+139）	1347（+19）	629（+139）

Tips

在屏幕分辨率为 1024 像素 ×768 像素的情况下，IE 浏览器的可视区域为（1024-21）像素 ×（768-148）像素；在屏幕分辨率为 1024 像素 ×768 像素的情况下，第一屏最大可视区域建议为 1003 像素 ×600 像素。

在网页设计中，计算页面核心内容区域的常用宽度时，需要考虑不同屏幕分辨率和浏览器窗口的宽度。当核心内容区域的宽度在 1000 像素以上时，建议将网页宽度以 100 像素递减；当核心内容区域的宽度在 1000 像素以下时，建议将网页宽度以 10 像素递减，网页设计核心内容区域的常用宽度如表 9-6 所示。

表 9-6 网页设计核心内容区域的常用宽度

屏幕分辨率（单位：像素）	建议网页宽度（单位：像素）	备注
1024*768	1000、990、980、……、950	当核心内容区域宽度在 1000 像素以上时，建议网页宽度以 100 像素递减；当核心内容区域宽度在 1000 像素以下时，建议网页宽度以 10 像素递减
1280*1024	1200、1100、1000、990、980、……、950	
1366*768	1300、1200、……、950	
1440*900	1400、1300、……、950	

5. 网页设计的文字规范

在网页设计中，文字规范是重要的考虑因素之一，如图 9-17 所示。通常建议在网页设计时使用的字体不超过 3 种，同时尽量采用统一字体的不同字族，以保持整体风格的一致性。对于中文，建议使用微软雅黑或宋体等常见字体，对于英文，则建议使用 Arial、Helvetica 等清晰易读的字体。

笔记

图 9-17 网页中的文字

Tips

　　网页中也会出现字体丢失的情况，若需要在白标志、图标、按钮、广告中使用特殊字体，则建议将文字转换为图片。

　　在网页设计中，字号的选用也同样重要。通常需要突出显示的内容部分、新闻标题、栏目标题等多使用 14 号，而广告内容、辅助信息或介绍性文字多使用 12 号。为了提高可读性和辨识度，菜单文字建议采用 14 号并加粗，尽量避免使用 12 号。对于需要特别突出显示的标题或强调文字，可以采用 16 号、18 号或更大的字号。但是，13 号存在不对称性，如图 9-18 所示，不建议使用，但在特定情况下可以酌情考虑。

图 9-18 字号的对称性

笔记

在网页中要避免大面积使用加粗字体，否则会给浏览者带来视觉上的压迫感。

对于行距，通常建议的行距范围是 1.2 ～ 1.6 倍。例如，若正文字号采用 12 号，则常用的行距可以设置为 8 ～ 9 像素；若正文字号采用 14 号，则常用的行距可以设置为 10 ～ 11 像素。同时，根据实际需要，行距也可适当调整为 10 ～ 16 像素。

对于网页文字的颜色，同一网站需要确定一种文字的主颜色，在特殊情况下可以选择两种辅助颜色。为了提高可读性和舒适度，建议将网页文字设置为深灰色，避免使用纯黑色。

Tips

一些功能性文字的颜色是约定俗成的，可以作为网页设计时的参考。正文多采用深灰色、深蓝色；辅助信息多采用灰色；链接多采用蓝色；不可点击跳转提示多采用灰色。

6. 网页设计的其他规范

在网页设计时，需要注意整齐、统一、模块化等相应规范。网页的布局和元素的排列应整齐有序，尽量避免出现混乱无序的情况。为增强网页内容的整体感和一致性，网页中的设计元素，如字体、颜色和间距等，应保持统一。同时，网页的布局应划分为不同的模块，每个模块包含相应的内容，这有助于提高网页的可维护性和可读性。

环节四　设计执行

📖 设计贴士

电商助力乡村振兴

网页设计在诸多领域中发挥着不可或缺的作用，其中最为显著的领域之一便是电商。电商的发展不仅为乡村振兴注入了强大动力，更是在推动乡村经济持续健康发展方面扮演了重要角色。借助便捷的电商平台和精美的电商

笔记

网页，乡村的特色农产品得以轻松跨越地域限制，销往全国各地，为乡村经济的蓬勃发展奠定了坚实基础。

电商的发展为乡村带来了丰富的就业机会和创业机遇。电商业务涵盖了运营、客服、美工、仓储等多个方面，这些岗位不仅为当地居民提供了家门口的就业机会，更是吸引了大量外来人才涌入乡村，有力推动了当地经济的发展。

电商平台还为乡村品牌建设提供了有力支持。借助电商平台强大的数据分析能力，商家可以深入了解消费者需求，制定精准的产品策略，设计出更吸引消费者的网页内容，并通过线上宣传推广来提升产品知名度，从而塑造出具有地方特色的品牌形象。

电商的发展还为乡村数字化进程注入了强大动力。随着数字经济的崛起，电商已成为推动乡村数字化转型的重要力量。电商平台的普及和应用，使乡村的数字化水平得到了显著提升，为当地经济的持续发展奠定了坚实基础。

电商在助力乡村振兴方面有着举足轻重的作用。同学们可以利用所学的网页设计知识，积极投身于电商领域，帮助农户建立网站、开设淘宝店铺、推广当地农产品，以此推动乡村经济的繁荣发展，助力乡村实现全面振兴的美好愿景，为乡村振兴贡献自己的力量。

📖 任务实施

一切准备就绪后，就可以设计制作网页视觉效果图了。在制作前，建议学生先梳理制作的主要流程。具体的制作流程请扫描二维码查看。

环节五　评估总结

📖 测试评估

一、单选题

1. 网页设计的基本流程是（　　　）。

　　①策划；②效果图；③需求；④开发实现；⑤草图

　　A. ③⑤①④②　　　　　　　　　B. ③⑤①②④

　　C. ③①⑤②④　　　　　　　　　D. ③⑤②①④

2．Web 安全色有（　　　）种。

A．256　　　　　B．216　　　　　C．200　　　　　D．128

E．512

3．关于网页文字的颜色，以下更合理的是（　　　）。

A．建议采用 1 种主色 +2 种辅色的方案

B．只能采用 1 种颜色

C．网页文字不能使用纯黑色

D．网页文字颜色应按需设置，文字颜色越多，网页效果越好

4．进行网页布局时，需要使用选择工具以 10 像素为单位移动对象，此时应配合使用按键（　　　）。

A．Ctrl　　　　　B．Shift　　　　　C．Alt

5．要对齐位于不同图层的形状，通常使用（　　　）。

A．移动工具

B．路径选择工具

C．直接选择工具

6．要对齐位于相同图层的形状，通常使用（　　　）。

A．移动工具

B．路径选择工具

C．直接选择工具

7.在网页设计中,为了保持相同栏目下的图像尺寸一致,建议采用（　　　）处理方法。

A．预先裁剪图像，再置入网页

B．预先将图像置入网页，再使用裁剪工具对图像进行裁剪

C．预先使用形状工具绘制等大的矩形，再使用剪贴蒙版将图像置入网页

二、多选题

1．以下哪些属于网页的基本结构？（　　　）

A．页眉　　　　B．Banner　　　　C．内容　　　　D．页脚

2．以下哪些是常见的网页版式布局？（　　　）

A．国字型　　　　　　　　　B．左右分割型

C．上下分割型　　　　　　　D．封面型

笔记

3. 网页中使用的长度单位有（　　　）

A. 像素（像素）　　　　　　B. 百分比（%）

C. 毫米（mm）　　　　　　D. 厘米（cm）

4. 网页中常用的图像文件格式有（　　　）

A. PSD　　　　　　　　　　B. JPG

C. PNG　　　　　　　　　　D. GIF

5. 为了不影响网页内容的显示效果，以下哪些情况是允许的？（　　　）

A. 浏览器的宽度大于网页的宽度

B. 浏览器的宽度等于网页的宽度

C. 浏览器的宽度小于网页的宽度

6. 若为了适配分辨率为 1366 像素 ×768 像素的显示器，则可以采用以下哪些网页宽度？（　　　）

A. 1366 像素　　　　　　　B. 1300 像素

C. 1200 像素　　　　　　　D. 1350 像素

三、判断题

1. 页眉通常包括网站标志、引导栏（登录、注册、更多）、导航栏等。

（　　　）

2. Banner 通常位于页眉下方，用于活动或产品介绍，可点击 Banner 进入详情页面。　　　　　　　　　　　　　　　　　　　　　　（　　　）

3. 页脚位于页面最底端，通常包括各类许可、备案、授权声明、中英文版权等基础信息，各类网络安全、工商证明、技术支持 Logo，以及内外部导航、友情链接等。　　　　　　　　　　　　　　　　　　　　（　　　）

4. 建议一个网页中的字体不要超过 3 种，推荐使用常见字体，如中文建议使用宋体、微软雅黑等，英文建议使用 Arial 等。　　　　　　（　　　）

5. 网页中的字号，建议设置为 12 号、14 号、16 号、18 号。　（　　　）

6. 在设计网页时，为了更好地对齐网页内容，通常建议勾选首选项中的"将矢量工具与变化和像素网格对齐"复选框。　　　　　　　　（　　　）

7. 使用形状工具绘制的形状，通常具有位置、大小、填充和轮廓属性。

（　　　）

目 自我评定

笔记

项目	自评分				
	1分 很糟	2分 较差	3分 还行	4分 不错	5分 很棒
对页眉、页脚概念的认识					
对浏览器宽度标准的认识					
能根据内容为图像选择正确的尺寸与格式					
对页面配色的认识					
能复述网页设计的流程					
了解网页字体的规范					
对本章快捷键的掌握情况					
对创作思路的理解					
能基于客户需求，发散思维，解决问题					
自我评定					

序号：　　　　　　姓名：　　　　　　填写日期：　　　年　　月　　日

笔记

环节六　拓展练习

拓展练习的参考效果如图 9-19 和图 9-20 所示，设计要求、设计思路与实施流程请扫描二维码查看。

拓展练习 1　电商详情页设计

图 9-19　电商详情页设计

拓展练习2　电商胶囊图设计

图 9-20　电商胶囊图设计

任务资讯

任务演示（1）

任务演示（2）

任务演示（3）

任务实施

→ 任务十　运营插画设计

环节一　任务描述

本任务将设计并绘制一张用于电商平台促销活动的插画。为了完成本次任务，我们将学习运营插画的基础知识，了解光影知识、插画风格、应用场景及绘制流程。

本任务的目标如下所示。

任务名称	运营插画设计	建议学时	6
任务准备	Photoshop、思维导图软件、签字笔、铅笔		
目标类型	任务目标		
知识目标	1．掌握运营插画的类型、风格、应用场景及基本绘制流程		
	2．掌握"三面五调"等光影基础		
	3．掌握插画绘制的常用工具、方法与技巧		
能力目标	1．具备运营插画的策划与设计能力		
	2．具备常见风格插画的绘制能力		
职业素养目标	1．具有规范设计与新技术探索的意识		
	2．具有主动思考与主动学习的意识		
	3．具有团结协作的精神，能够与合作伙伴进行良好沟通		

📖 任务情景

某电子品牌决定开展年终大促活动，要为该品牌的智能办公产品设计首页全屏 Banner 海报，要求体现品牌和产品的特点，"浮岛平面设计工作室"承接了这项业务。

团队与客户进行了交流，了解到客户比较喜欢 MBE、2.5D、噪点风等当前流行的插画设计风格。经产品调研和团队研讨，决定采用 2.5D 风格的插画作为海报主体，以极简的画风展示该品牌旗下的笔记本电脑、无线音响、手机等产品。以明亮素雅的配色和大面积留白营造现代简约的氛围，与产品特质相匹配，参考效果如图 10-1 所示。

图 10-1　参考效果

📖 文件规范

文件的规范类型及规范参数如表 10-1 所示。

表 10-1　文件的规范类型及规范参数

规范类型	规范参数
文件格式	*.jpg / *.png
文件尺寸	1920 像素 ×1080 像素
文件分辨率	72 像素 / 英寸
颜色模式	RGB
文件大小（储存空间）	＜ 20MB

环节二　任务启动

本任务分为任务实施前、任务实施中、任务实施后 3 个环节，如图 10-2 所示。

任务实施前，要从全局出发对任务进行分析并制订计划，提出决策方案。

第一步，分析任务。对任务进行需求分析，将客户提出的需求分解为具体的子任务；运用调查法或观察法进一步分析，明确任务目标；从专业设计师的角度进行创意分析，明确任务的定位与侧重点；预估在任务实施过程中所需的知识与技能。

笔记

第二步，制订计划。将各项任务进一步具体化，揭示任务中的要素、关系及要求。例如，根据任务目标确认文件规格，规划时间进度，描述设计风格与场景，最终形成一份完整的实施计划。

第三步，决策方案。根据任务计划制定任务实施流程，绘制创意草图。

任务实施时，首先要学习相关的知识与技能，确保自身具备独立完成本任务的知识基础和技术技能，然后按流程独立完成作品的设计与制作，并对细节进行打磨。

任务完成后，还需要对作品成果进行评估，查看其是否符合客户需求；最后进行复盘讨论，总结项目经验。建议对拓展项目进行练习，进一步检验自身对基础知识的掌握程度，以及对技能的迁移和创新能力。

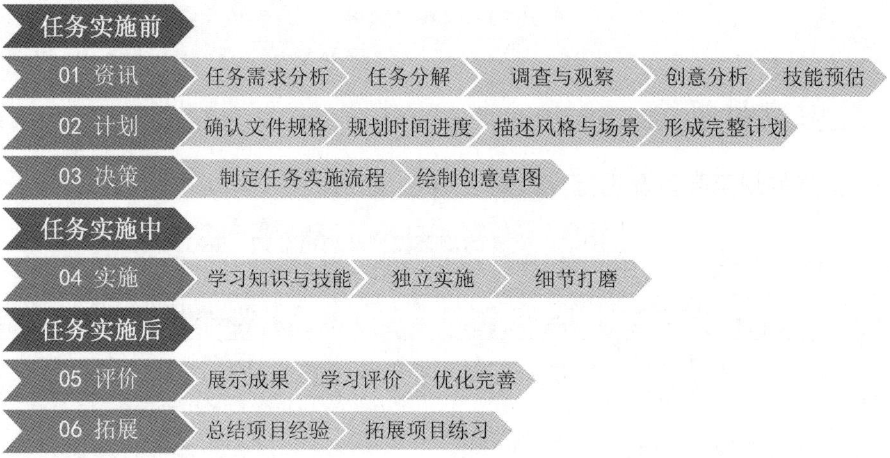

任务实施前
| 01 资讯 | 任务需求分析 | 任务分解 | 调查与观察 | 创意分析 | 技能预估 |

| 02 计划 | 确认文件规格 | 规划时间进度 | 描述风格与场景 | 形成完整计划 |

| 03 决策 | 制定任务实施流程 | 绘制创意草图 |

任务实施中
| 04 实施 | 学习知识与技能 | 独立实施 | 细节打磨 |

任务实施后
| 05 评价 | 展示成果 | 学习评价 | 优化完善 |

| 06 拓展 | 总结项目经验 | 拓展项目练习 |

图 10-2　任务环节

📑 任务分析

本任务要设计制作一个首页全屏 Banner 海报，要求采用 2.5D 风格的插画，以现代简约的造型体现品牌和产品的特点。

请根据以上要求进行任务分析，分析内容包括但不限于如下几个方面。

（1）任务描述与分解：对本任务做简要描述，明确任务目标与侧重点，并将任务分解为多个子任务。

（2）创意分析：从创新角度提出本任务的设计创意或独特想法，如独特的画面元素、新颖的表现手法等。

（3）技能预估：对本任务进行技能预估，明确完成本任务可能会使用的工具与命令、方法与技巧，如三面五调、形状工具、2.5D 插画的绘制方法与技巧等。

（4）调查与观察：结合任务描述、创意分析和技能预估，提出要完成本任务可能存在的问题。

（5）制订任务计划：明确任务文件规格与时间进度安排，根据应用场景明确设计风格及其他要求。

（6）制定任务流程：根据任务计划制定任务流程，绘制任务草图。

请将以上分析内容按类型和要求填写在后面的"运营插画设计任务分析"、"运营插画设计任务计划"和"运营插画设计任务流程图与草图"表格中。

运营插画设计任务分析如表 10-2 所示。

表 10-2　运营插画设计任务分析

任务描述		
任务分解	子任务 1	
	子任务 2	
	子任务 3	
	子任务 4	
	子任务 5	
创意分析		
技能预估		
调查与观察	问题 1	
	问题 2	
	问题 3	
	其他观察	

序号：　　　　姓名：　　　　填写日期：　　　年　　月　　日

笔记

📖 任务计划

运营插画设计任务计划如表 10-3 所示。

表 10-3　运营插画设计任务计划

文件规格	宽度（单位：　　）		高度（单位：　　）	分辨率
时间进度	事项			时间（单位：　　）
应用场景				
设计风格				
其他要求				

序号：　　　　　　姓名：　　　　　　填写日期：　　　年　　月　　日

📖 任务流程

运营插画设计任务流程图与草图如表 10-4 所示。

表 10-4 运营插画设计任务流程图与草图

要求：将任务按照实施步骤或以思维导图的方式拆分为多个流程节点

序号： 姓名： 填写日期： 年 月 日

笔记

环节三　知识笔记

10.1　运营插画概述

知 识 脉 络

本节将学习运营插画的基础知识，了解运营插画的概念、常见应用，以及 MBE、2.5D、噪点等常见的插画风格。通过学习这些知识，学生能够理解运营插画在本任务中的作用，进而通过插画准确表现品牌与产品的特色。

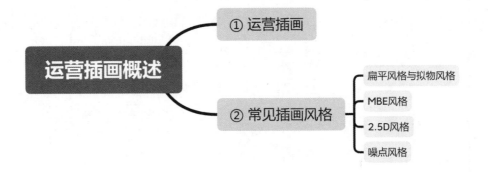

知 识 学 习

10.1.1　运营插画

运营插画是一种将营销内容与插画相融合的绘画类型，以运营的思维设计插画，可以有效提高产品的销售额。研究表明，人类大概只需要 0.1 秒就能够感知到场景中绝大多数的元素和基本视觉信息。因此许多企业将运营插画作为传递信息、塑造形象的介质，展示品牌形象、突出产品特质，使客户在短时间内对产品产生深刻印象。

运营插画在互联网中的应用非常广泛，在入口 Banner、H5、引导页、启动页、弹窗的展示中，都能够看到各种类型的运营插画，如图 10-3 所示。

图 10-3　运营插画

10.1.2　常见插画风格

1. 扁平风格与拟物风格

扁平风格是使用纯平面的色块绘制插画，若是图标，则主要由规则图形组成，如图 10-4 所示。拟物风格会使插画显得更真实，通过高光、投影、反光等光影来模拟真实物体，如图 10-5 所示。

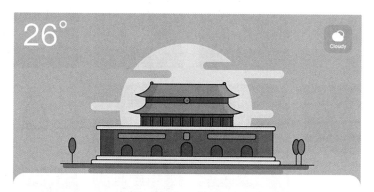

图 10-4　扁平风格插画

图 10-5 拟物风格插画

2. MBE 风格

MBE 风格的原创作者是法国设计师 MBE，2015 年他在自己的 Dribbble 网站主页上发布了一种由线框型的 Q 版卡通画演变而来的作品，极具个人风格，后来人们将这种风格称为 MBE 风格，如图 10-6 所示。

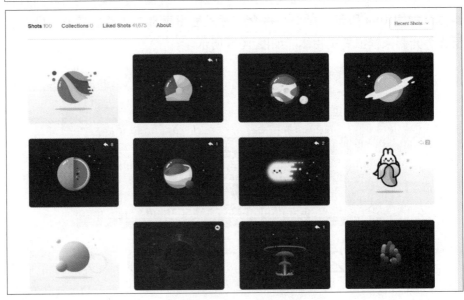

图 10-6 MBE 风格插画

MBE 风格的表现形式独具特色，主要有带断点的深色描边、色块溢出、配色简单、小巧的装饰图形等特征，如图 10-7 所示。

图 10-7　MBE 风格插画

特征一：带断点的深色描边。

带断点的深色描边是 MBE 风格的主要特征之一，在线条中加入断点是为了解决深色线条环绕物体时带来的压抑感。对断线的数量没有特别的要求，它和位置有一定的关系。

特征二：色块溢出。

部分 MBE 风格的插画会刻意将色块溢出线条，进一步打破线条的束缚，所造成的内白空间也可作为物体的内部高光，以营造特别的光影趣味。

特征三：配色简单。

MBE 风格的插画色彩数量通常较少，一般采用单色、邻近色＋补色、邻近色＋类似色的配色方案。无论采用哪种配色方案，都应该遵循色彩基础原理。部分 MBE 风格也会采用写实派的配色方案，但只是为了在不同环境中更明确地表达物体之间的关系。

特征四：小巧的装饰图形。

MBE 风格还会采用一些简单小巧的背景图形来营造氛围，圆形、小花瓣、加号是最为常用的 3 种图形。很多设计师会自己创作一些与主题相关的图形来装饰作品，如图 10-7 所示的跳芭蕾舞的小女孩身边环绕着的天鹅图形。

3．2.5D 风格

2.5D 风格插画在风格和立体感上均介于 2D 和 3D 之间，是基于 2D 的扁平风格营造的类似 3D 的立体化效果。这类插画虽然有 3D 的立体感，但并不遵循 3D 的透视原则，因此被称为 2.5D。在生活中，经常会看到这类风格的插画，游戏"纪念碑谷"的画风就是典型的 2.5D 风格，如图 10-8 所示。这种根据视差而不断变化的结构灵感来自荷兰版画师 Maurits Cornelis Escher 的手稿作品，如图 10-9 所示。

图 10-8　"纪念碑谷"的画风　　　图 10-9　Maurits Cornelis Escher 的手稿作品

4. 噪点风格

使用颗粒噪点笔刷创作的插画被称为噪点风格插画，这类插画在扁平风格的基础上融入了噪点肌理，并以此打造光影效果，使画面的层次感更加丰富，如图 10-10 所示。

图 10-10　噪点风格插画

10.2　光影基础

知 识 脉 络

本节将学习基础的光影知识。通过学习这些知识，了解光影的"三面五

调"，以及分层刻画光影的技法，为使用 Photoshop 绘制更有质感的插画作
品打好基础。

知 识 学 习

10.2.1　插画光影与"三面五调"

在绘制插画时，要正确设计并绘制光影，使插画中的光影变化符合自然
规律，同时也使插画呈现出更加丰富的层次。通常使用"三面五调"来描述
光影的变化，以及画面中的明暗关系。

1. 三面

"三面"指的是亮面、暗面和灰面。亮面是直接受光的面,暗面是背光的面,
灰面是不直接受光但也不背光的斜射面。

对于简单的方体，通常可以迅速判断出这 3 个面，如图 10-11 所示。仔
细观察这些面可以发现，亮面中有最亮的和次亮的区域，暗面中有最暗的和
次暗的区域，甚至灰面中也有深灰和浅灰的区别。这需要在确定了"三面"
的基础上再次细分，直到可以准确无误地反映出物体的结构特征。

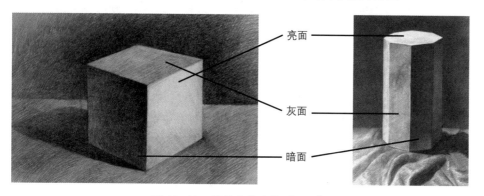

图 10-11　简单方体中的"三面"

2. 五调

物体明暗的"五调"是在"三面"的基础上进一步细分的，将物体的明

笔记

暗分成了 5 个部分，分别是高光、中间调、明暗交界线、反光和投影，如图 10-12 所示。物体的真实色调层次是极为丰富的，远不止"五调"这么简单。这样划分只是一种概括性的分法，目的是便于正确理解物体的明暗关系，也便于在软件中对物体的光影变化进一步细致刻画。

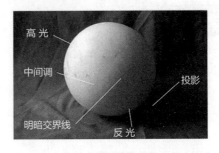

图 10-12　物体的"五调"

10.2.2　分层刻画光影的技法

在 Photoshop 中刻画光影和使用炭笔绘制素描作品的技法是类似的，都是使用"三面五调"逐步刻画物体的光影变化，如图 10-13 所示。两者的区别在于，Photoshop 支持在图层中分层绘制光影，以便后期优化调整。

图 10-13　素描作品与软件作品对比

按"三面五调"的光影分类，可以将球体的光影拆分为固有色、高光、灰面、暗面、反光、投影等多个部分，如图 10-14 所示。

图 10-14　球体的光影拆分

各部分的光影效果可以在 Photoshop 中以不同的图层来表现，如图 10-15 所示。在完成各图层的光影绘制后，将它们汇聚在一起，并通过混合模式进行融合，之后做整体优化即可将球体刻画出来。

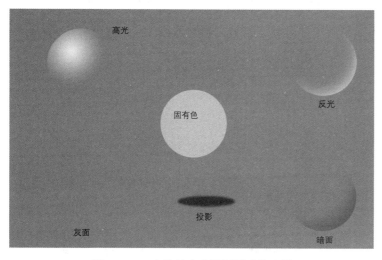

图 10-15 在软件中分层刻画球体光影

10.3 插画绘制

知 识 脉 络

本节将学习插画的绘制流程与实现的方法和技巧。通过学习这些知识，学生能够了解插画的绘制流程，掌握在 Photoshop 中选择合适的画笔打造光影的方法，完成一幅简单的插画作品。

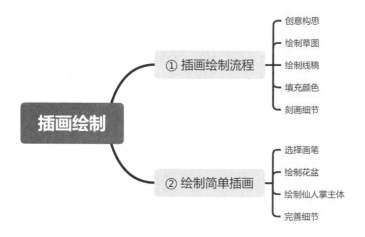

知 识 学 习

10.3.1 插画绘制流程

插画绘制通常分为创意构思、绘制草图、绘制线稿、填充颜色、刻画细节 5 个流程，如图 10-16 所示。

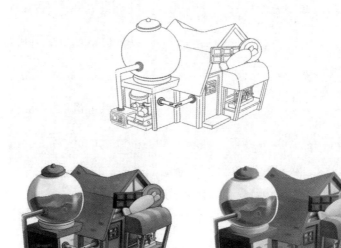

图 10-16 插画绘制流程

1. 创意构思

在绘制插画前，首先要确定插画的主题和构图。运营插画既可以是对品牌和产品特点的表达，又可以是对其内涵的想象创作。通过对品牌和产品的分析，可以进一步明确插画要传达的信息和需要表达的情感，并将其转化为具体的形象和场景。在确定主题和构图思路后，进行正式的绘画。

2. 绘制草图

草图是插画作品的初步构思，可以帮助设计师更好地梳理创作思路，便于设计师与团队或客户沟通、表达想法、比较方案。草图通常是简单的线条和形状的组合，用于确定插画的基本布局和元素位置。设计师可以通过多次修改和调整草图来完善插画的构图。

3. 绘制线稿

线稿是插画作品的轮廓和结构，设计师需要在草图的基础上准确地勾勒出作品的内容、形式和各元素的比例，以便后续上色。线稿通常是用细笔或绘图软件绘制的,在上色前设计师需要不断完善插画的细节。在 Photoshop 中,可以使用画笔绘制位图图像,也可以使用形状路径绘制矢量图形,后者具有无损缩放的优势。

4.填充颜色

在线稿完成后,可以根据应用场景、画面风格、图片类型等具体情况,使用软件中的画笔对线稿进行上色或对矢量图形进行填色。第一遍上色通常是填充对象的固有色,之后使用渐变、叠加等技巧,逐渐丰富线稿的色彩。

5.刻画细节

细节刻画是插画作品的最后一步。设计师通过增加细节、调整色彩和加强光影来提升插画的质感和表现力,此时也需要对画面中不合理、不规范的地方进行修正。例如,根据物体的受光情况,为画面元素统一刻画高光、反光和投影等。

10.3.2　绘制简单插画

【即时练习】噪点风格插画练习

使用 Photoshop 绘制的噪点风格插画如图 10-17 所示,在扁平风格的基础上,通过噪点提升画面质感。

图 10-17　噪点风格插画练习

1.选择画笔

Photoshop 提供了丰富的笔刷和效果,可以通过两种方式表现噪点风格效果。

一种方式是使用带噪点效果的笔刷,如 Photoshop 自带的 KYLE 额外厚实炭笔,通过设置画笔的尺寸、间距、流量等参数可以很好地模拟噪点效果。另一种方式是为普通画笔设置合理的硬度,使画笔边缘柔和,并将画笔的"混合模式"设置为"溶解"。"溶解"混合模式的结果色由基色或混合色的像

笔记

素随机替换，因此可以在画笔边缘模拟噪点效果。两者在噪点质感上略有差异，可根据插画风格选择不同的方式，并通过参数调整对噪点效果进行优化，如图 10-18 所示。

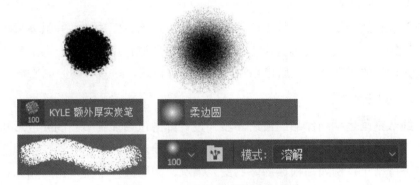

图 10-18　使用画笔模拟噪点效果

2. 绘制花盆

设置好笔刷后，即可按照绘制线稿、填充颜色、刻画细节的流程，一一绘制画面中的各个元素。首先绘制花盆。

1）绘制花盆外形并填充固有色

创建一个矩形选区，并将其变换为一个倒梯形的选区，用于绘制花盆并填充花盆的固有色，这里制作的是陶土花盆，如图 10-19 所示。

2）绘制花盆的暗部渐变

在保持选区的状态下新建图层，将新图层的"混合模式"设置为"正片叠底"，使用同色画笔在花盆右侧涂抹，呈现更深的阴影，并通过调整不透明度对阴影深度进行调整。不断重复该步骤，绘制花盆的灰面和暗面，营造花盆的层次感，如图 10-20 所示。

3）绘制花盆的亮面和高光

在保持选区的状态下新建图层，将新图层的"混合模式"设置为"滤色"，使用同色画笔在花盆左侧涂抹，呈现浅色渐变，并通过调整不透明度对阴影深度进行调整。不断重复该步骤，在花盆的左侧和左上方边缘绘制花盆的亮面和高光，进一步刻画花盆的光影。使用蒙版或橡皮擦对花盆的 4 个角进行擦除，调整出圆角，使其边角更柔和，如图 10-21 所示。

4）绘制花盆的投影

根据同样的思路和方法，创建椭圆选区，绘制花盆的投影。在此过程中，可结合噪点风格的特点在部分阴影区域内适当留白，绘制具有丰富质感和变化的投影，如图 10-22 所示。

图 10-19　绘制外形

图 10-20　绘制暗部渐变

图 10-21　绘制亮面和高光

图 10-22　绘制投影

3.绘制仙人掌主体

使用同样的笔刷，按照同样的流程，依次绘制仙人掌的形状、填充固有色、刻画仙人掌的暗部和高光等细节，并通过调整图层来对仙人掌的色彩和光影进行统一调整，增强整体的协调性，如图 10-23 所示。

图 10-23　绘制仙人掌主体

4.完善细节

在此基础上，还可以绘制更多的元素，丰富画面内容，并对细节做进一步优化，如图 10-24 所示。

笔记

图 10-24　完善细节

环节四　设计执行

设计贴士

插画艺术的风格趋势与技术革新

随着时代的进步与技术的革新，插画领域的变化日新月异，呈现出软件多元化、风格多样化的特点。水彩、铅笔、油画等传统绘画工具与 Photoshop、Corel Painter、Illustrator、SAI、C4D 和 Clip Studio Paint 等现代数字绘画工具相结合，为插画艺术家提供了更广阔的创作空间。这些软件工具各具优势，能够满足不同的插画风格和创作需求，有助于提高作品质量和设计师的工作效率。

国风插画在当代设计中备受瞩目，将传统元素与现代设计完美结合，展现了"国风"独特的魅力。国风插画使用中国传统文化元素，如山水、花鸟、人物等，以及独特的色彩和构图，彰显了浓厚的东方韵味和文化自信。在插画创作时，可以从中国优秀传统文化中汲取灵感，将传统书法、绘画、剪纸、蜡染等风格融入作品，从而打造独特的艺术价值。

近年来，AIGC（AI-Generated Content，人工智能生成内容）迅猛发展，在艺术创作领域大放异彩。AIGC 能够生成具有高度真实感和艺术感的插画作品，极大地提高了插画创作效率。AIGC 能够帮助艺术家迅速生成多种设计方案，激发创作灵感，完善作品细节，为插画创作带来更多的可能性。因此，我们要善于使用 AIGC，将其作为创作的有力助手，为数字内容创作带来新的发展方向。当然，人工智能只是辅助工具，真正的创意和艺术感仍源于人类艺术家。

此外，插画的视觉传达能力极强，能够传播信息并触动观众的情感。在创作插画时，要深思作品可能产生的影响。例如，一幅描绘蓝天的环保插画能增强我们对环境保护的重视程度，而一幅烟囱林立的插画则可以提醒我们关注环境破坏的后果。我们还可以通过社交平台分享作品和创作过程，与更多人分享艺术创作的乐趣。

在插画的创作过程中，要保持对学习的热情和开拓创新的精神，积极拥抱新技术，不断创作优秀的作品。

任务实施

一切准备就绪后，就可以设计制作运营插画了。在制作前，建议学生先梳理制作的主要流程。具体的制作流程请扫描二维码查看。

环节五　评估总结

测试评估

一、单选题

1. 插画绘制的基本流程是（　　）。

①绘制线稿；②填充颜色；③刻画细节；④创意构思；⑤绘制草图

　　A. ④⑤①③② 　B. ⑤④①②③ 　C. ④⑤①②③ 　D. ⑤①④②③

2. （　　）不属于明暗关系中的"三面"。

　　A. 暗面 　　　　B. 侧面 　　　　C. 亮面 　　　　D. 灰面

3. 关于使用 AIGC 创作插画的描述，更合理的是（　　）。

　　A. AIGC 是"人工智能生成内容"的缩写

　　B. AIGC 可以完全替代人类完成创作

　　C. AIGC 创作的作品没有版权风险

　　D. AIGC 可以作为创作的辅助工具，为插画创作带来新的可能性

二、多选题

1. 以下哪些场景可以体现出运营插画在互联网中的应用？（　　）

　　A. 引导页 　　　　　　　　B. Banner

　　C. 启动页 　　　　　　　　D. 节日借势海报

笔记

2．以下哪些是运营插画的常见风格？（　　　）

　　A．拟物风格　　B．噪点风格　　C．2.5D 风格

　　D．MBE 风格　　　　　　　　E．写实风格

三、判断题

1．运营插画是一种将运营与插画相融合的绘画类型，有助于企业展示品牌形象、突出产品特点。（　　　）

2．带噪点效果的笔刷和设置"溶解"混合模式的柔化笔刷都可以表现噪点效果。（　　　）

自我评定

项目	自评分				
	1分 很糟	2分 较弱	3分 还行	4分 不错	5分 很棒
对运营插画及其应用场景的认识					
对不同插画风格特点的理解					
对运营插画绘制流程的理解					
能准确使用"三面五调"制作插画的光影效果					
能绘制噪点风格插画					
能绘制 2.5D 风格插画					
能选择合适的画笔和工具创作插画					
了解 AIGC 对插画创作的影响					
对创作思路的理解					
能基于客户需求，发散思维，解决问题					
自我评定					

序号：　　　　　　姓名：　　　　　　　　填写日期：　　　年　　月　　日

环节六 拓展练习

笔记

拓展练习的参考效果如图 10-25 和图 10-26 所示，设计要求、设计思路与实施流程请扫描二维码查看。

📖 拓展练习 1 扁平风格插画设计

图 10-25 扁平风格插画设计

📖 拓展练习 2 人像转描插画设计

图 10-26 人像转描插画设计

反侵权盗版声明

电子工业出版社依法对本作品享有专有出版权。任何未经权利人书面许可，复制、销售或通过信息网络传播本作品的行为；歪曲、篡改、剽窃本作品的行为，均违反《中华人民共和国著作权法》，其行为人应承担相应的民事责任和行政责任，构成犯罪的，将被依法追究刑事责任。

为了维护市场秩序，保护权利人的合法权益，我社将依法查处和打击侵权盗版的单位和个人。欢迎社会各界人士积极举报侵权盗版行为，本社将奖励举报有功人员，并保证举报人的信息不被泄露。

举报电话：（010）88254396；（010）88258888

传　　真：（010）88254397

E-mail: dbqq@phei.com.cn

通信地址：北京市万寿路 173 信箱

　　　　　电子工业出版社总编办公室

邮　　编：100036